环境经济与政策
（第三辑）

Journal of Environmental Economics and Policy

李善同　主编

科学出版社
北京

内 容 简 介

《环境经济与政策》是由中国科学院虚拟经济与数据科学研究中心、环境保护部环境规划院、中国人民大学环境学院联合主办，中国环境科学学会环境经济学分会提供学术支持、科学出版社出版的环境经济与环境政策领域的专业学术刊物，反映国内环境经济与环境政策研究的前沿领域和最新研究进展。第三辑是环球中国环境专家协会主办的2011中国环境经济与政策国际研讨会论文集专辑，内容涉及能源消费和碳排放、减排技术和减排政策、水资源经济和节水效益、综合环境管理和生态补偿等问题，涵盖了当前环境经济与环境政策研究的热点领域。

本书可以作为环境经济、环境管理、环境政策、资源经济以及可持续发展等领域的高校师生、研究人员和相关政府部门的专业参考资料。

图书在版编目（CIP）数据

环境经济与政策（第三辑）/李善同主编. —北京：科学出版社，2012.6
ISBN 978-7-03-034801-2

Ⅰ.①环… Ⅱ.①李… Ⅲ.①环境经济-中国-文集②环境政策-中国-文集 Ⅳ.①X196-53②X-012

中国版本图书馆 CIP 数据核字（2012）第 124802 号

责任编辑：侯俊琳　石　卉　闫敬淞／责任校对：张怡君
责任印制：徐晓晨／封面设计：无极书装

科学出版社 出版
北京东黄城根北街16号
邮政编码：100717
http://www.sciencep.com

北京市金木堂数码科技有限公司印刷
科学出版社发行　各地新华书店经销
*
2012年8月第 一 版　开本：720×1000 1/16
2024年8月第三次印刷　印张：10 1/4
字数：208 000

定价：**68.00**元
（如有印装质量问题，我社负责调换）

编 委 会

名誉主编 成思危
主　　编 李善同
副 主 编 王金南　石敏俊　马　中
编委会成员 （按姓氏笔画排列）
　　　　　　马　中　　王　华　　王金南　　王　毅
　　　　　　石敏俊　　毕　军　　齐　晔　　苏　明
　　　　　　李善同　　吴俊杰　　邹　骥　　沈满洪
　　　　　　张中祥　　张世秋　　林家彬　　周　新
　　　　　　於　方　　赵　旭　　胡　涛　　姜克隽
　　　　　　夏　光　　徐晋涛　　黄宗煌　　萧代基
　　　　　　曹　静　　葛察忠　　甄　霖　　满燕云
　　　　　　潘家华　　吉田谦太郎　　Haakon Vennemo
编辑部主任 石敏俊

卷首语

2011年是"十二五"开局之年,环境问题和环境政策受到空前的关注。这一年的节能减排目标被一些媒体称为不可能完成的任务。PM2.5成为家喻户晓的环境专业术语,并于2011年12月30日正式纳入我国环境空气质量监测范围。环境经济和环境政策不再是学者和政府官员的自留地,而是变成了越来越多的公众关注的焦点之一。

《环境经济与政策》(第三辑)是环球中国环境专家协会(Professional Association for China's Environment,PACE)2011中国环境经济与政策国际研讨会论文集专辑。本次PACE研讨会共收到中、英文论文80余篇,我们从中筛选出10篇优秀论文,编辑成本专辑。这10篇论文涉及能源消费和碳排放、减排技术和减排政策、水资源经济和节水效益、综合环境管理和生态补偿等问题,涵盖了当前环境经济与环境政策研究的热点领域。国际贸易隐含的碳排放、居民电力消费需求弹性、工业部门碳排放分析,有助于理解我国能源消费和碳排放的特征和规律,电力部门减排技术和CCS技术的政策模拟可以帮助我们了解减排技术的作用;节水配件改造的节水效益评估可以帮助我们加深对生活中的节水潜力及其经济效益的认识;水资源空间配置优化可以为水资源管理部门提供决策参考。

PACE中国环境经济与政策研讨会的综述是本期专辑的一个亮点。出席研讨会的专家学者所提出的环境经济与政策研究的方法论和关键课题,如环境问题的本土化和研究方法的国际化相结合、环境经济分析的世代间分配和空间过程相结合等,值得环境经济与政策研究的同行借鉴和进一步思考。

李善同　王金南　石敏俊

2012年1月15日

目　录

卷首语

会议综述

PACE 2011 中国环境经济与政策国际研讨会综述 ……… 沈满洪　张少华（1）

研究论文

中国制造业部门存在"污染避难所"效应吗
　　——基于贸易隐含碳的实证分析 …………… 何　洁　傅京燕（18）
中国工业温室气体排放特征与影响因素研究 …………… 魏　楚（42）
城镇居民用电需求弹性分析
　　——以北京市为例 ………………………… 靳雅娜　张世秋（64）
基于电网的中国电力行业碳减排技术优化及政策模拟 ……………………
　　………………………………… 毛紫薇　王　灿　邹　骥（73）
碳捕获与封存技术对中国温室气体减排的潜在作用 ………… 刘　嘉（92）
黑河中游地区水资源空间优化配置研究
　　——基于分布式水资源经济模型 ………… 王晓君　石敏俊（104）
上海市老式坐便器节水配件改造项目——节水效益评估的案例研究 ………
　　………… 李　爽　张海迎　李　青　韩玉娇　周　婕　张　勇（119）
基于生态文明的城市综合环境管理长效机制
　　——以太仓市为例 ………………… 徐美玲　包存宽　何　佳（130）
健全滇池流域农业生态补偿机制探讨 ………… 邓明翔　刘春学（143）

征稿通知 ………………………………………………………（150）

Contents

Preface

Conference Review

    A Review on PACE 2011 International Symposium on China's Environment, Economy and Policy ············ Shen Manhong, Zhang Shaohua (1)

Article

    Is "Pollution Haven" Hypothesis Valid for China's Manufacture Sectors? An Empirical Analysis Based on Carbon Embodied in Trade ················ He Jie, Fu Jingyan (18)

Characteristics and Determinants of China's Industrial Greenhouse Gas Emission ·············· Wei Chu (42)

Elasticity of Urban Residential Demand for Electricity: a Case Study in Beijing ·············· Jin Ya'na, Zhang Shiqiu (64)

Sectoral Optimization of Carbon Dioxide Mitigation Technologies and Simulation of Policies for China's Power Sector Based on Power Grid ·············· Mao Ziwei, Wang Can, Zou Ji (73)

The Potential Role of Carbon Capture and Storage in China's Mitigation of Greenhouse Gas ·············· Liu Jia (92)

Spatial allocation of Water Resource Based on Distributed Water Resource Economic Model in Heihe River Basin, Gansu Province, China ·············· Wang Xiaojun, Shi Minjun (104)

Cost-Benefit Evaluation of the Transformation Project of Old Water-Saving Tank Fittings of Resident Toilet: a Case Study of Shanghai ·············· Li Shuang, Zhang Haiying, Li Qing, Han Yujiao, Zhou Jie, Zhang Yong (119)

The Long-term Mechanism of Integrated Unban Environmental Management Based on The Eco-Civilization ·································· Xu Meilin, Bao Cunkuan, He Jia (130)

Research On the Improvement of Agro-ecological Compensation Mechanism in Dianchi Lake Watersheds ······ Deng Mingxiang, Liu Chunxue (143)

Call for Paper ··· (150)

会议综述
Conference Review

PACE 2011 中国环境经济与政策国际研讨会综述[①]

□ 沈满洪　张少华[②]
（浙江理工大学经济管理学院）

摘要：环球中国环境专家协会"环球中国环境专家协会 2011 中国环境经济与政策国际研讨会暨华人资源环境经济学家夏令营"于 2011 年 7 月 12～16 日在杭州千岛湖隆重举行。本文围绕"中国的环境经济与政策"这个主题，就中国环境经济理论与政策的关键议题、环境经济理论与政策、非市场评价、污染管理、生态系统、能源与气候、宏观环境、可持续性、水资源等问题进行了综述。本文的综述有助于中国环境经济理论与政策的进一步发展。

关键词：非市场评价　污染管理　生态系统　可持续发展

A Review on PACE 2011 International Symposium on China's Environment, Economy and Policy

Shen Manhong, Zhang Shaohua

Abstract: PACE 2011 International Symposium on China's Environment, Economy and Policy, was held on July 12-16 in qiandao Lake in Hangzhou. This

---

[①] 本文为作者主持的教育部人文社会科学研究青年基金项目"公共财政视角下中国经常项目失衡的机制研究"（批准号为 11YJC790281）和杭州市哲学社会科学规划重点课题（批准号为 A11YJ02）的资助成果之一；本研究得到浙江理工大学科研启动资金资助（项目编号为 1005820-Y）。感谢 PACE 2011 国际研讨会上与会专家的帮助，感谢浙江理工大学经济管理学院的彭学兵副教授、张亦波博士的帮助，文责自负。

[②] 张少华，通信地址：浙江杭州下沙高教园区浙江理工大学经济管理学院；邮编：310018；邮箱：ahua1688@126.com。

paper focuses on the theme of "China's Environment, Economy and Policy", and reviews key issues on China's environmental economic theory and policy, non-market evaluation, pollution management, ecosystems, energy and climate, the macro environment, sustainability, water and other issues. This overview will help China's environmental economics and policy for further development.

Key words: Non-market Evaluation　Pollution Management　Ecosystems　Sustainable Development

由环球中国环境专家协会主办，浙江理工大学经济管理学院承办，中国环境规划院、香港中文大学环境能源与可持续发展研究所、中国环境科学学会环境经济学分会、浙江省环境监测院协办的"环球中国环境专家协会2011中国环境经济与政策国际研讨会暨华人资源环境经济学家夏令营"于2011年7月12～16日在杭州千岛湖隆重举行。来自国内外高校、科研机构和政府部门等关心中国环境和生态问题的百余位专家学者，围绕"中国的环境经济与政策"这个主题，就非市场评价、污染管理、生态系统、能源与气候、宏观环境、可持续性、水资源等问题进行了广泛的交流。会议共收到中英文论文80余篇。研讨会采取主题报告、小组讨论、poster（海报）等形式。瑞典皇家科学院Karl-Göran Mäler院士、荷兰瓦赫宁根大学Henk Folmer教授、世界银行高级经济学家王华博士、瑞典乌普萨拉大学李传忠教授、中华人民共和国国务院发展研究中心社会发展研究部周宏春主任、中华人民共和国环境保护部环境规划研究院副院长王金南总工程师、中国浙江理工大学副校长沈满洪教授、美国密歇根州立大学赵金华教授、日本国立大学法人山口大学陈礼俊教授、中国科学院虚拟经济与数据科学中心绿色经济研究室主任石敏俊教授、中国南京大学环境学院院长毕军教授、日本早稻田大学Ken-Ichi Akao教授、日本立命馆亚洲太平洋大学管理学院副院长Zhang Wei-Bin教授、加拿大谢布鲁克大学何洁副教授等分别作了主题报告。小组讨论中，每场指定三位专家就报告人的论文进行点评，使得每场报告都具有良好的互动。

1　中国环境经济与政策研究的关键议题

本次研讨会最大的亮点就是在世界银行高级经济学家王华先生的倡导和主持下，诚邀与会专家就中国的资源环境经济学问题，从理论与政策两个层面、急需的和长远的两个视角进行了广泛和深入的探讨。浙江理工大学沈满洪教授倡导环境经济问题研究的"两个结合"：环境问题的本土化和研究方法的国际化的结合，新古典经济学传统与新制度经济学理论的结合。

北京大学张世秋教授认为应重点关注五大问题：第一，资源的价值和价值评估；第二，如何研究企业、公众行为对特定政策的响应模式；第三，关于政策衔接的问题，即政策的整合性、一致性和兼容性问题；第四，不仅讨论生态补偿，同时研究生态服务功能支付方式，因为这其中涉及不同的制度安排；第五，最小成本的环境污染控制的控制战略。

中国科学院石敏俊教授侧重于探讨与环境相关的评价问题与空间问题。在评价方面，他主张研究企业、消费者、生产者等的行为对政策的反应过程，同时进行政策模拟，以便产生预见性的研究结果；在空间问题方面，他认为，由于环境问题和经济活动的空间性密不可分，所以经济活动的空间组织、分布对环境问题的影响就变得十分重要。

南京大学毕军教授就环境与经济发展、不同利益相关者的行为机制研究、环境绩效评估（理论方法运用到实际）、方法论（自上而下和自下而上的方法相结合）、环境公平性的研究、环境治理的研究、中国政策融合等问题进行了详细的阐述。

北京师范大学徐琳瑜副教授则把研究的方向转到中小城镇上，她认为，现有的环境政策在中小城镇中不能使用，经济政策手段由于制度差异、文化教育的问题，导致在中国难以施行，所以必须重视非技术手段，如生态文化教育的运用。

中国环境规划院程伟雪研究员认为，环境政策和经济学研究离不开环境的治理，如信息的公开获得、司法公正、政府的行为、公众环境意识等。最根本的问题在于研究撞到了一堵墙，如土地、资源所有的问题就在于制度不清楚。

瑞典乌普萨拉大学李传忠教授认为，价值评估的研究要加强，在这方面有更多的应用，如新能源、高铁的噪声等。在理论模型本身的扩展上，他认为偏好结构的扩展、异质性的引入、临界点的影响是重要的方向；他还强调气候变化与生物多样性的研究是环境经济学的新兴领域。

加拿大谢布鲁克大学何洁副教授从宏观研究和微观两个方面进行了论述，在宏观研究方面，应当关注政府的效率问题以及最优政策与次优政策之间的权衡；在微观研究方面，要多注重理性、非理性以及不确定性的行为研究。

香港中文大学陈永勤教授强调了环境政策研究的重要性、独立性、可执行性和有效性；同时提出要关注中国特色，就是要关注快速变化带来新的问题，本土化、更具体的问题，在研究方法上要从关注人体的健康到关注整体的生态系统的健康，从下游往上游、从点源到非点源的结合。

香港中文大学林健枝教授则提出了三个重要的研究方向：第一，环境健康的研究；第二，生活消费模式的转变对环境的影响；第三，可持续发展问题，如生态补偿、体系的有效性等。

密歇根州立大学赵金华教授强调研究质量的重要性，衡量标准就是在好的期刊上发表文章，同时把研究方法提高到国际水平。他认为，中国的学者可以在价值评估、中国特色的问题、行为经济学在环境经济学中的应用、自然实验等方面进行突破。

其他学者分别从环境公共财政研究、学科研究的界限问题、环境问题的文化、人文因素、案例研究的重要性以及政策研究的路径依赖等方面展开了讨论。

最后，世界银行高级经济学家王华先生从环境经济学研究的层次、研究的内容以及在中国研究的重要性与紧迫性方面进行了总结。

2 环境经济理论研究

由于资源和环境问题日益成为全球经济的重要和紧迫问题，资源环境经济学的理论研究也开展得如火如荼。本次研讨会的与会专家也从不同的视角对相关理论问题进行了探讨和交流。

环境经济学泰斗、瑞典皇家科学院的 Maler 院士，首先就核算生态系统服务价格展开了论述。在他看来，非凸生态系统经济学是研究的新领域，它意味着阈值、迟滞和有时的不可逆，从事有关生态系统动态的经济学研究，具有巨大潜在的重要性。其次，他转向可持续发展——近年来他的另一个研究重点，谈到他对可持续发展的理解以及什么应该被可持续地发展。他指出，应该被可持续发展的不是环境资源，而是社会福利。他还提出可持续发展指数是包括资产在内的财富变化的价值。最后，他以修复能力（resilience）的计价作总结。

由于环境产品与服务常常没有价格，所以估值问题成为环境资源经济学的中心问题。国际知名环境经济学学者、荷兰瓦赫宁根大学 Henk Folmer 教授首先作了题为"关于印度尼西亚自来水支付意愿：限制特征价格的自回归结构方程模型方法"的报告。他先详细阐述了相应的概念、原理和方法，而后将印度尼西亚的数据运用到计量模型中。他发现限制自回归结构方程模型是所考量的三个模型中最好的一个。他还发现印度尼西亚城市家庭愿意为自来水服务付出月支出的百分之八。最后 Folmer 教授指出，尽管结构方程模型（SEM）已经不再流行，这个对于印度尼西亚自来水支付意愿（WTP）的具体运用却显示出 SEM 还是有其价值的。

瑞典乌普萨拉大学李传忠教授阐述了"社会生态系统中的状态转移的经济学：修复能力与可持续发展"。他介绍了如何评价系统的自我修复能力以及这种能力对可持续发展的重要影响，系统存在状态转移风险时，其自我修复能力对系统的可持续发展具有极其重要的作用。通过在一个动态模型中引入修复能力来刻画其对可持续发展的影响，并通过澳大利亚的应用实例进行了数值模拟，对模型的扩展以及在其他地区和领域的应用进行了展望。

经济发展是否必须以环境恶化为代价？经济最优化与可持续发展这两种价值观是否存在根本冲突？在什么条件下可以实现两者的协调发展？即一个国家走上一条经济优化的可持续发展道路。日本早稻田大学的赤尾健一（Ken-Ichi Akao）教授通过一个理论模型，系统回答了实现上述两种价值观融合的必要条件，并且指出，技术进步的方向应该是：增长的发动机应该是干净的；我们应该避免依赖于不可再生资源；废物、污水应该很容易在自然的过程分解；有一个特别的偏好约束。

3 环境经济政策研究

进入"十二五"时期，我国的环境问题呈现出几大特点：①经济增长举世瞩目，生态环境"翻天覆地"，环境污染史无前例；②发展模式转变极其困难，环境压力空前严峻，公众环境诉求迅速上升；③市场经济发育依然不健全，特别是环境资源价格在市场配置中的地位没有建立起来；④党中央、国务院重视环境保护，表现出强烈的政府环境保护政治意愿；⑤经济增速、经济危机和节能减排对出台环境资源价格改革政策形成直接的压力和挑战。由此，本次研讨会也分别邀请了几位专家对当前我国紧迫的环境经济政策问题进行了深入探讨。

中国环境保护部环境规划研究院王金南总工程师主讲了新时期我国环境经济政策的创新问题，指出环境经济政策是解决环境问题的一种长效机制，是中国环境政策的发展方向，是新时期下环境政策的创新重点。环境经济政策是实现科学发展和建设环境友好社会的一种灵活、有效、公平的环境政策。体现全成本的环境价格体系是实现科学发展的必然条件。环境经济政策长效机制需要跨专业、系统化、长期跟踪研究，经济部门应主导政策制定。当前最需要的是大胆的试点探索。中央政府应该积极支持地方的试点、改革和创新。新时期的环境经济政策创新重点：环境财政政策、环境价格政策、环境税费政策、市场创建制度、生态补偿政策、绿色资本市场、绿色贸易制度等。

南京大学毕军教授主讲了中国"十二五"时期环境科技发展战略研究，他认为环境经济的本质是"减物质化"的过程，环保趋势、环境压力等迫切需要环境科技的有力支撑。今后要在循环经济技术、区域环境污染治理、质量改善技术、环境风险控制技术等方面下工夫。他提出了发展环境科技的指导方针——"支撑减排、改善环境、引领产业、惠及民生"，在此基础上，进一步提出八大重点发展领域。

浙江理工大学沈满洪教授从生态环境恶化已经成为引发群体性冲突事件的重要根源这一社会现象出发，从对本次会议主办地——千岛湖的未来忧虑现实入手进行分析，以新安江流域为例，系统论述了以生态经济化制度促进区域经济协调发展的思路。他指出，生态保护补偿机制是实现生态经济化的重要制度，是促进区域经济协调发展的重要机制。建立多主体协作的生态补偿机制和生态保护补偿与环境损害赔偿联动的机制是符合中国国情的制度安排。建立生态补偿机制的困难主要在于技术障碍和制度障碍，因此，必须大力推进技术创新（生态环境价值的评价等）和制度创新（生态产权制度的变革等）。

日本国立大学法人山口大学陈礼俊教授主讲了环境税的改革视角以及对绿色预算的挑战，首先引出环境会计与绿色预算的概念，其次介绍了环境税改革的理论，最后讲解了欧盟成员国的环境税改革，尤其是德国在1999～2003年的环境税改革。

4 非市场评估

环境资源除了具有市场价值外，还具有无法进行货币计量的非市场价值，这部分价值主要包括：生态价值、社会价值和人们为确保环境资源的各项服务功能能够长时间存在所愿意支付的存在价值、为了确保未来要用时能够随时可用现在所愿意提前支付的选择价值，以及为后代将来能继续利用环境资源愿意事先支付的馈赠价值等。世界银行资深经济学家王华先生以云南为案例，采用条件价值评估法，分析了河湖水质改善的社会经济价值及公共投资项目效益价值估算。研究发现，水质改善一个级别的经济价值相当于居民收入的2.5%～5.5%；投资水质改善的社会经济回报率为15%～20%。

北京大学谢旭轩、张世秋等认为，健康效益评估，特别是统计寿命价值研究是环境公共政策决策和成本效益分析的基础。健康效益的支付意愿研究方法在发达国家较为成熟，但发展中国家的实证案例和方法讨论还很缺乏。中国快速的经济增长和城市化进程与环境污染健康损害之间的矛盾凸显，健康效益评估具有重要的研究意义和迫切需求。他们通过采用选择实验方法，克服了条件价值评估方法在风险处理上存在较大不确定性的问题，价值评估结果表明：因空气质量改善减少一次类似感冒症状的支付意愿约为50元，减少一个呼吸道或心脑血管病例的支付意愿约为77万元，统计寿命价值约为168万元。

王会和王奇则观察到，农业面源污染已经成为我国水环境污染的重要威胁。与工业点源污染、城市生活污染可以通过"末端治理"来减少污染物排放不同，农业面源污染的防治需要从农业生产环节入手，减少农业面源污染物的产生，即"源头控制"。其中，促使农户采取环境友好的生产技术是其中的关键环节。而"什么样的农户偏好什么样的技术"成为环境友好技术研发与推广中的一个基础性问题。基于选择实验法，并对沿南四湖区域的农户进行分析，他们发现，年龄较大的农户偏好产量较高的技术，性别对技术无明显的偏好差异，受教育程度和培训使得农户偏好施肥量少、劳动投入少的技术，收入高的农户则对产量、补贴相对不偏好。考虑到具有不同特征的农户对具有不同特征的生产技术偏好不同，应针对农户特征推广适合的农业生产技术。

耕地资源除了具有市场价值外，还具有无法进行货币计量的非市场价值，耕地作为准公共物品，经济激励是解决其供给问题的有效手段。耕地保护经济补偿机制建构的基础就是耕地资源价值评估，而非市场价值长期流离于市场机制之外，导致对耕地的完全价值缺乏合理有效的货币化计量。随着可持续发展理念与环保意识的增强，耕地非市场价值在国内也逐步受到关注，开展这方面的评价，不仅是耕地保护经济补偿机制建设的迫切需要，而且也是提高耕地资源配置效率、遏制耕地盲目转用与农户资产价值坍塌的有效手段。北京师范大学的金建君、江冲采用目前国际上用于评估具有公共物品特性的自然资源和环境物品经济价值的一种相对较新的方法——选择试验模型法，以浙江省温岭市耕地资源保护为例，探讨选择试验模型法在耕地资源保护经济价值评估实践中的可行性。研究结果表明，对温岭市居民来说，今后耕地资源保护的实施应该重点改善田间设施和提高土壤肥力，而耕地景观的改善也同样可以提高温岭市居民的福利水平。

针对目前国内主要城市热衷推出的"公共自行车"服务，南京大学张飞飞、毕军、刘蓓蓓探讨了影响南京市民使用公共自行车的支付意愿的因素。以1138份问卷调查为基础，采用线性回归模型和Logit模型，估计出使用公共自行车的平均WTP分别是3.78元/每小时和2.57元/每小时。结果表明，无论居民是否知道该方案，居民的乘车模式和一些人口统计变量都会影响其使用公共自行车的支付意愿。

5 污染治理

城市交通产生的噪声已经成为城市污染的一个重要方面，也对城市污染治理提出了更大的挑战。传统的治理城市噪声的方法单纯依赖于减少噪声，但是这种单向的治理方式越来越不适应迅速发展的城市规模和数量，其边际成本也在迅速上升。香港中文大学林健枝教授研究了城市交通污染治理的范式转变问题，介绍了音景法（the soundscape approach），详细讲述了音景的概念框架，并且阐述了音景法在香港的应用。

排放权交易被认为是一个具有成本效益的污染控制的环境经济手段，尽管自20世纪80年代以来，在中国进行了几个试点方案，包括水污染物和空气污染物。然而，在中国的排放权交易的政策设计和执行情况广受批评。因此，南京大学张炳、毕军等系统地研究了中国的排放权交易方案的政策设计，调查了影响排放权交易政策设计的关键要素，包括津贴分配、交易成本、初始分配、市场力量、银行和借款、监测和执法等，还深入研究了排放权交易的国际经验。

在过去的几十年里，中国在水体污染控制方面已经作出了艰苦的努力。不幸的是，这种努力不包括非点源，水环境状况并未得到改善，非点源水污染已成为在中国的水质量退化的重要原因。流域治理点源和非点源之间的交易可能会以一个成本效益的方式来处理。南京大学张炳、毕军等主要研究了"流域治理点源和非点源交易在中国的可行性"。他们使用随机规划模型，研究由于随机事件导致的不确定性和交易成本对交易框架设计的影响，结果表明，在中国特殊的情境中，point-non-point交易框架，通过交易成本的影响更为显著，总的不确定性的影响是不固定的，取决于两种不确定性规模。

水污染交易（WPT）被认为是一个成本有效控制水体污染的政策工具。然而，在中国，WPT的方案实施进展缓慢，和项目本身一样，都没有取得预期的效果。政策重叠或冲突，被认为是阻断部署在中国的有效的WPT项目的主要因素之一。南京大学张永亮、张炳、毕军以太湖流域为例，审查和分析太湖流域的水污染控制系统，以及管制和 WPT 太湖试点方案的做法。研究结果表明，在太湖流域，水污染交易方案从根本上与其他环境监管制度，如环境影响评价制度和五年计划目标存在冲突。

南京大学刘恒、张炳、毕军从成本效益评价和综合优化两个方面研究了太湖流域最佳管理实践：他们根据实地调查、政府工作报告、文献综述和其他数据来源，将太湖流域的最佳管理实践分为三大类，即经济刺激政策、治疗技术和生态恢复网。结果表明，每个类别有一些成本效益的措施，即相当少的财政投入和高营养物减少率。此外，他们还建立了一个从每个类别中选择三个最佳管理措施（BMPs）的最优组合的综合模型。这个模型包括两个交互组件，即一个分水岭的营养负荷模块，一个遗传算法的优化模块。营养负荷估计在目前的工作模式，可作为一个处理太湖流域的有效方法。

环境污染治理投资对改善我国环境质量和保障经济持续发展发挥了重要作用。"十一五"期间，我国大量的环境污染治理投资取得了良好的污染物减排效果。但随着污染治理的边际成本递增，研究我国及各地区环境污染治理投资效果的影响因素及各因素的变化趋势对"十二五"时期污染减排具有非常重要的政策意义。北京大学王奇、夏溶矫、张瑾等以大气污染治理为例，基于对数平均迪氏指数法（logarithmic mean Divisia index，LMDI）分解模型和完全分解模型方法，分别从全国层面和地区层面构建污染物治理分解模型，分解结果表明，我国污染治理投资的地区分布结构趋向于更有效率的分布，东部地区污染治理投资规模的增长空间已趋向饱和，应该着重提高污染末端治理的技术和管理水平，中西部地区需要同时提高污染治理投资规模以及污染治理的技术和管理水平。

随着污染总量控制力度的加大以及末端治理接近极限，通过技术进步来降低生产活动环节的污染产生至关重要。工业生产活动中技术进步对污染产生的影响包括两个方面：通过促进经济规模的增加引起污染产生量增加（规模效应）和通过降低污染产生强度带来污染产生量降低（强度效应）。北京大学王奇、李明全以 Malmquist 指数表征技术进步水平，计算我国 2006～2009 年 29 个省份技术进步对经济增长与工业 SO_2 产生强度变化的贡献，进而计算技术进步对工业 SO_2 产生量的影响。结果表明：2006～2009 年技术进步降低了全国工业 SO_2 产生量；从时间上看，2006～2007 年和 2008～2009 年技术进步增加了全国工业 SO_2 的产生量，而 2007～2008 年技术进步作用相反；从空间上看，东部地区技术进步的规模效应更显著，中部地区技术进步的强度效应更显著。

6 生态系统与可持续性问题

环境保护部环境规划院和香港中文大学的董战峰、林健枝和陈永勤在调研中国流域生态补偿实践最新进展的基础上,将我国流域生态补偿归结为三种模式:基于流域上下游跨界断面水质目标考核的生态补偿模式、基于流域上下游跨界断面污染物通量核算的生态补偿模式、特定面向水源地的生态补偿模式;并发现,流域生态补偿机制建设的关键在于形成统一协调的上下游综合管理体制、形成配套的财政机制、运用合理设计的补偿标准以及具备配套的监测能力。他们进而指出:在中国目前的制度环境下,流域生态补偿机制是强化流域综合管理的一种有效机制,该机制能够为流域综合管理提供有效的经济激励和财政资金来源,有望解决过去长久未能解决的流域内不同行政区用水利益诉求差异与流域综合一体化管理的体制矛盾,并与污染物总量减排、淘汰落后产能等政策协同发挥流域综合管理效用,可成为将来流域综合管理工作深入开展的重要切入点。

20 世纪 80 年代以来,中国政府曾多次警告说,中国不应该采取发达国家曾经走过的"先发展后治理"的路径。然而,在中国,许多地方官员甚至将环境库兹涅茨曲线(environment Kuznets curve, EKC)当做一条定律。与之相对照的是,环境评价、绿色增长、绿色会计、环境正义和可持续性的概念已成为发达国家和世界公认的准则。美国密苏里大学刘力副教授通过几十年的现场调研,发现北京密云、怀柔,广东珠海等在保护环境并遵循绿色增长上取得了显著的成就。EKC 与环境评价表明,以牺牲环境为代价来获取快速的经济增长不是最优选择,绿色增长是一个更健康的替代品,即使这可能意味着短期的收入增长。

作为消除生态环境资源开发利用过程中负外部性的重要手段,研究生态补偿机制对指导我国流域生态环境资源开发和流域环境污染治理具有重要的现实意义。而生态补偿标准的测算是建立生态补偿机制的核心问题,也是难点所在。辽宁省环境科学研究院王彤、王留锁在对现有生态补偿标准计算方法进行总结分析的基础上,分别从供给方和需求方的角度探索建立了水库流域生态补偿标准测算体系,并以大伙房水库流域为例,对其补偿标准进行测算,得出基于研究区生态系统服务功能的补偿标准为 64 661.3 万元,基于研究区生态保护建设总成本的补偿标准为 9221.4 万元,基于意愿支付价格的补偿标准分别为 8637.6 万元、12 956.4 万元,最终确定将补偿金额定在 10 000 万元,这是令双方都比较容易接受的一个价格。

南京大学王军锋、侯超波等选取流域生态补偿机制作为研究对象,从生态补偿思想的来源、内涵、实施模式、补偿标准等角度系统梳理了相关领域的研究成果，并论述了市场主导的流域生态补偿机制和政府主导的流域生态补偿机制两种模式的区别与联系。他们以子牙河流域生态补偿机制为研究对象，发现子牙河流域生态补偿机制是将生态补偿基金扣缴制度、改良的政绩考核制度、生态补偿基金使用监督管理制度等组成有机整体的运行体系，属于典型的政府主导模式。

自1997年以来，我国陆续开展了环保模范城、生态示范区、生态省市县等环境保护示范创建活动。但是，这些环保示范创建活动通常以运动式开展，可在短期起到环保工作"强心剂"的作用，不能从根本上、长远上扭转我国当前环境质量"局部好转、总体恶化"的局面。同济大学徐美玲、包存宽以太仓市为例，从生态文明的内涵与建设内容出发，通过生态文明建设试点，探索了持续推进地方环境保护工作长效机制。

南开大学王萍利用1403份农村居民随机调查数据，探讨了中国农村的可持续消费的影响因素，调查发现，中国农村居民的可持续消费行为的水平低，环保知识、环保责任、环保价值和感知行为控制对农村居民有较大的敏感性。

北京师范大学谢晓东、徐琳瑜认为，城市生态系统是一个社会-经济-自然复合系统，它可以划分到经济社会的子系统和自然生态的子系统中。因此，城市生态风险评估比其他自然生态风险评估更为复杂，同时必须开发新的方法，适用于这个复杂的生态系统的生态风险评估。城市生态风险评估，使用广泛的信息来源和技术，这存在很大的不确定性。例如，数据并不适用于所有风险评估过程的各个方面，那些可用的数据可能是质量可疑或未知的。在这种情况下，城市的生态风险评估必须依靠主观的专业判断，将类比推论、估计技术相结合。因此，城市生态风险评估必须基于一个存在不同程度的不确定性和可变性的假设。

地理景观、土壤和水资源的多样性决定了世界各地生态系统不同的服务潜力。然而，现实世界中发展实践通常不遵循生态系统的潜力和局限，这使得土地利用规划成为一个可持续发展的重要政策处理手段。西北农林科技大学薛建宏教授和荷兰瓦赫宁根大学Henk Folmer教授认为，鉴于中国存在高度多元化的岩石圈、水圈和生物圈的广大地区，确定在目前的土地利用格局空间分布的生态系统服务，以形成适当的政策策略，最大限度地减少经济活动造成的环境损害和提高干扰或破坏的生态系统的恢复能力，应该根据目前的产权制度，在中国制定一个以科学为基础的环境土地利用规划体制框架。

经过多年的自然、经济和政治变化，中国农村景观正在经历历史上最戏剧性的转变，改造农村景观和当代生活，已经威胁到中国农村经济和社区的长期可持续性。是否有科学的规划和政策,以解决中国农村社会发展的环境和健康问题。西北农林科技大学薛建宏教授认为,精密的环境景观规划方法集成了水文和土壤中的基本原则和成本效益的经济原则。它的实施,将有助于实现中国农村社区的长期可持续性。

节能减排的代价是什么?能否在实现效率的基础上同时实现扩大就业的目标?清华大学蔡闻佳等利用投入产出方法分析了节能减排对就业的直接和间接效应。她们证明了目前存在于中国发电行业的排放削减措施,不仅损害这一部门的就业,而且损害整个经济中的就业。然而,开发可再生能源将有助于提高全社会的就业收益,并有利于经济结构的升级,以确保绿色经济和绿色就业并存。

7 水、能源与气候问题

随着经济的发展,中国的水资源日益存在"水太多、水太少和水太脏"的三难困境。香港中文大学陈永勤教授详细介绍了香港城市生活用水的成功经验。在长期的实践中,香港摸索出了一条"两条腿走路"的经验,也可以说是开源节流。一方面,通过跨流域、跨边境调水导入东江水,提供约80%的供水;同时在尽可能大的面积开发本地水资源,通过雨水收集等,提供约20%的供水;另一方面,通过采用最新的技术替代资源(海水淡化、污水回用)增加供应;通过海水冲厕、教育和经济激励、减少渗漏等方法来减少水的消费。香港对生活用水的精细化管理对内地日益紧张的生活用水难题提供了诸多有益的借鉴。陈永勤教授还进一步研究了香港城市日用水量的趋势、模式等问题。他研究了1990~2007年香港的水资源消费数据和气候变化数据,发现基本生活用水呈现不断增长的趋势,并占有水资源消费的绝大部分;季节性、气候效应、周效应以及农历新年假期等会对用水模式产生影响;最后陈永勤教授还构建了一个统计模型来预测未来的水资源消费状况。

中国科学院石敏俊教授从水资源需求管理的角度研究了水量和水价两种手段对我国西北干旱区水资源短缺的节水效应。研究发现,现行水价远低于水资源影子价格,农户对灌溉水价上涨不敏感,适度提高水价上涨难以收到压缩农业用水量的效果,但水价上涨过度又会给农民收入和粮食安全带来较大负面影响。因此,与水价手段相比,水量调控手段更加有效。实施水量调控,还需要建立水权交易市场。

浙江理工大学胡剑锋教授利用 IPCC 方法测算了浙江省 1995～2008 年的碳排放量，并从时间序列、产业结构及能源消费三个方面分析了浙江省的碳排放特征，同时运用环境的 EKC 研究了浙江省碳排放与经济增长之间的动态变化规律。然后基于扩展的 KAYA 恒等式将浙江省人均碳排放量分解为碳排放系数、能源结构、能源强度、产业结构、经济增长五个影响因素，并运用 LMDI 比较了这些影响因素对碳排量的贡献率。研究表明，经济增长与产业结构对浙江省人均碳排放量具有正向的效应，而能源强度和能源结构则具有反向的效应。各影响因素对碳排放的绝对贡献率按递减的顺序排列分别为经济增长、能源结构、能源强度和产业结构。

美国内布拉斯加大学助理教授倪金兰和魏楚使用数据包络分析（DEA）方法构造了全要素能源技术效率指数后，对 156 个国家 1980～2007 年的能源技术效率进行了比较。结果表明，中国的能源效率大大落后于其他国家，尽管它已在过去 28 年中显著提高。进一步的分析表明，规模效率低，而不是纯技术效率低，造成了中国的能源低效。

云南大学王赞信副教授研究评估了利用水葫芦的植物修复特性修复富营养化湖泊的经济可行性和财政可行性。结果表明，所提议的项目在财政上不可行，但经济可行。影响财务可行性的主要因素是折现率、沼气价格和投入成本。影响经济可行性的主要因素是折现率和减少温室气体排放的价值。

瑞典乌普萨拉大学余海珊博士实证探讨了北欧电力市场的电力价格跳跃背后的可能原因。在采用一个时间序列模型（混合 GARCH - EARJI 跳跃模式）捕捉电价的共同统计特征之后，通过有序 Probit 模型进一步分析电价跳跃的原因。实证结果表明，无论电力市场的需求和供给冲击是否转化为价格跳跃，电力市场的市场结构对电价的跳跃产生了重要的影响。

北京大学余嘉玲、张世秋和谢旭轩采用环境投入产出法，分析我国居民能源消耗在地区之间、城乡之间的时空结构特征，并在此基础上分析相关因素对居民能源消耗结构产生的影响以及影响机制。研究结果显示，城乡居民能源消耗的平均水平在 0.5～3 吨标准煤/年的范围内变化，城乡、区域和收入差距是居民能源消耗差距的三个主要贡献因素，其中城乡差距的贡献最大，且呈上升趋势。居民能源消耗随着收入的上升而上升，主要因居民生活方式和能源使用方式的变化所致，20 世纪 80～90 年代，能源消耗差距大于收入差距，90 年代以后能源消耗差距的扩大速度小于收入差距的变化，到 2005 年之后能源差距水平开始出现下降趋势。

西藏水资源量为全国之首，"十二五规划"已将其作为我国水力资源第一大省区进行开发利用，如何合理开发水资源，保证西藏的可持续发展是当地政府的首要任务。北京师范大学于冰、徐琳瑜从经济学角度分析水资源补偿的原因，基于生态系统服务价值评估和机会成本探讨补偿标准的核算方法，为合理开发水资源，建立西藏水资源生态补偿机制提供有益参考。

中国科学技术大学汝醒君选取美国、加拿大、日本、英国、德国、法国、澳大利亚等世界主要工业化国家（发达国家）以及中国、巴西、印度三个主要的发展中大国1970～2005年的经济发展与碳排放数据，采用Tapio脱钩弹性模型进行定量分析，结果表明，大部分发达国家曾出现过经济发展与碳排放的强脱钩现象，且其脱钩弹性变化趋势基本一致，但是三个发展中国家的经济增长与碳排放的关系表现出较大的差异，且发达国家与发展中国家的脱钩弹性特征存在显著的不同。

我国汽油需求持续迅速增长且进口依存度高，研究我国汽油需求行为意义重大。中国人民大学王潇玮、邹骥使用协整和误差修正模型（ECM）的方法研究了1993～2009年我国汽油需求、国内生产总值（GDP）和汽油价格之间的关系，结果表明：我国汽油需求和GDP、价格之间存在一种长期的均衡关系；汽油的长期和短期价格与汽油需求不存在弹性关系，通过改变汽油价格来影响汽油需求的政策效果有限；汽油的长期GDP弹性为0.352，弹性关系不明显；短期GDP弹性为0.903，收入的短期波动对汽油需求的影响更明显。

浙江大学吴文博博士采用VAR模型分析了石油价格冲击对中国碳排放的影响。基于1983～2008年的年度数据，选取包括中国碳排放、中国经济、世界石油价格、货币供给和通货膨胀率在内的五个变量构建VAR模型。格兰杰因果检验结果显示，世界石油价格是中国碳排放和中国经济的格兰杰原因，而中国经济不是世界石油价格的格兰杰原因。脉冲响应函数结果显示石油价格冲击将会显著降低中国碳排放，方差分解结果显示，世界石油价格对中国碳排放和中国经济的波动贡献较为显著。上述结果说明，调整石油价格的政策有助于降低中国碳排放。

8 宏观经济与环境问题

京都议定书的两个原则（生产者责任原则、共同而有区别责任原则）和经济全球化的盛行，使得发达国家的碳泄漏成为可能，也就是说，京都议定书存在效率隐患。绝大多数研究也证实了发达国家向发展中国家碳泄漏现象的存在，即发达国家通过贸易向发展中国家转嫁碳排放。作为世界第二大贸易国以及最大的发展中国家的中国，是"污染避难所"（pollution heaven）吗？加拿大谢布鲁克大学何洁副教授以 1996～2004 年的 16 个制造业部门的数据，通过投入产出法来衡量中国国际贸易中的各行业隐含碳排放的情况，研究发现中国的比较优势主要在劳动密集型产业和碳强度小的产业；中国通过进口减少了部分碳负担，但中国是碳净出口国。中国贸易创造的碳排放量很大，而这主要是由中国相对于国际上其他国家而言碳强度还是很高造成的；而直接由贸易转移的碳排放量很小。一个碳净出口国并不一定是碳排放的避难所，从中国的例子看，碳泄漏并不能用京都议定书的效率隐患来解释。如果中国想改变碳净出口国的现状，重要的是进行自身碳减排能力的提高。

环境规制政策和要素禀赋是一国比较优势的两个主要因素，而两者对专业化分工的决定作用是不同的。环境规制严格度是否是中国工业制成品比较优势的决定因素？严格的环境规制是否影响中国污染产业的国际竞争力？对上述问题的回答有助于加快我国贸易发展方式的转变和缓解资源环境压力。暨南大学副教授傅京燕、李丽莎使用 1996～2004 年我国 24 个制造业的面板数据并通过构造综合反映我国实际情况的产业环境规制指标和产业污染密度指标，对环境规制效应和要素禀赋效应与产业国际竞争力的作用机制进行了分析。所得主要结论如下：通过对比较优势指标和污染强度的分析，得出我国污染密集型行业并不具有绝对比较优势，因而我国并不是发达国家的"污染避难所"。环境规制、物质资本和人力资本指标均对比较优势产生负面影响，且环境规制的二次项与比较优势正相关，这表明环境规制对比较优势的影响呈"U"形。

南京大学王远副教授用人为 1990～2009 年的物质流分析（MFA）和自回归分布滞后（ARDL）方法，来研究中国东部江苏省的资源利用和经济增长之间的因果关系。边界测试结果表明，经济增长和解释变量之间建立一个长期均衡的协整关系。

空间集聚可能是影响工业污染排放强度的重要因素。复旦大学冯皓、荣健欣和陆铭基于 1993～2006 年中国省级行政区下属地级市的市辖区人口规模与建成区面积数据，构造了反映省级行政区空间集聚水平的变量，并与环境污染排放的省级数据相匹配，发现人口和经济活动向大城市集聚有利于降低工业污染物质的排放强度。因此，为了实现中国既定的减排目标，需要在与环境和城市发展有关的政策中充分考虑空间集聚的重要性。

作为描述污染与收入之间关系的 EKC，从提出到现在一直是环境学界讨论的重点。当前的有关研究大多探讨国家内部污染排放与收入之间的关系，而忽视了不同国家之间通过国际贸易而产生的隐性污染转移以及其对污染-收入关系的影响。北京大学刘巧玲、刘勇和王奇基于"谁消费、谁生产"的基本理念，选取世界 26 个主要国家,以 SO_2 污染排放为例,通过计算不同国家出口商品与进口商品中隐含的 SO_2 排放量,将其对外贸易中隐含的净 SO_2 转移量纳入各国污染排放总量中,建立基于消费的污染-收入关系,并与传统的基于国内生产排放的污染-收入关系进行比较。分析结果表明:由于大量污染排放通过国际贸易实现了国家之间的转移,与基于生产的 EKC 相比,基于消费的 EKC 拐点出现在更高的经济发展水平上,这也意味着发达国家通过污染转移而将拐点时间大大提前;而发展中国家在两种情况下均位于 EKC 的左支且未表现出转折的趋势。

浙江理工大学李太龙副教授借助晋升锦标赛理论构造了一个地方政府竞争模型,在一个统一的框架下讨论经济增长、环境保护和政府在不同发展阶段的行为决策问题,从而为研究环境保护、促进经济发展方式转变提供基础层面的理论支撑。研究发现,目前情况下,中央政府在考核地方政府时应当采用注重环境质量的绿色 GDP 考核方式,而且尤为重要的是,中央政府对环境质量的重视程度必须超过地方公众对环境质量的注重程度,这才能激励地方政府在环境保护上作出符合社会福利最大化的行为决策。

在中国,地方政府之间的策略互动会影响城市的污染。法国奥弗涅大学的玛丽·弗朗索瓦和熊杭提供了一个理论框架和实证研究来分析策略互动在整个中国城市的污染行为中的潜在作用。首先,她们建立了一个反映中国政治集权和环境经济政策分权特征的政治经济模型,模型预测策略互动结果可以是正面的也可以是负面,依赖于概率函数中的经济与环境偏好的弹性、生产函数中的污染弹性以及污染物外溢性等。其次,她们利用空间计量经济学估计了中国 253 个城市 2003~2008 年工业 SO_2 排放上的策略互动行为,显著的证据表明,中国城市之间在污染物的排放上是正的策略互动。

法国奥弗涅大学杜维威尔和熊杭研究跨界污染问题在中国是否存在。要做到这一点,她们利用每年由中国环境保护部和河北省环境保护局公布的污染企业名单,研究河北省的污染企业是否更有可能在边境县建立。研究结果表明,对污染企业而言,边境县比内陆县更具吸引力,并且这种效应随着时间的推移得到加强。

自 1978 年的经济改革以来,中国的能源消耗强度已经大幅下降,是什么推动了中国的能源消耗强度的下降?中国人民大学宋枫讲师使用中国分省数据来构造 1997~2005 年的能源消耗强度指数,并分解成效率指数和结构指数,研究发现,驱动中国的能源强度变化的主要力量既有效率的提高又有经济结构的变化。

在国际资本市场上,以环境保护为核心的旨在正确处理金融业与可持续发展关系的"绿色金融"已成为一种趋势。绿色金融通过影响技术创新、企业行为、公众、投资、创业导向以及纠正市场失灵对节能减排产生直接和间接的作用。证券制度的"绿色化",对于规范和促进上市公司加强资源节约、污染治理和生态保护,限制高耗能、重污染企业的排污行为,指导投资者进行"绿色投资"决策,避免环境风险的重要性也逐渐被人们所认识。中国人民大学田慧芳、邹骥、王克等从四个方面分析了日本、美国的资本市场在低碳融资中发挥的角色及对新兴经济体国家资本市场与绿色融资的启示:资本市场结构与"绿色"企业的市场准入,包括绿色企业的资本市场准入机制、对有活力的中小企业进入资本市场融资的特别政策措施、污染企业的重组及有效的退出制度等;企业社会责任与环保信息披露制度,包括证券交易所的角色、环保部门的角色、财务会计标准委员会的角色、企业自身的社会责任披露等;第三方参与及环评制度,即如何保证监管的有效性;金融产品与服务的创新包括二氧化碳排放权的交易、碳金融产品、环保概念指数、环保指数基金及责任投资指数基金、绿色债券等。

9 研讨会的启示与意义

本次研讨会的成功召开,为国内外学者深入探讨中国的环境经济与政策问题提供了一个良好的交流平台,学者们集思广益,拓宽了研究思路。本次研讨会的意义表现在以下三个方面:

首先,中国经济的成功崛起走出了一条与英美成熟经济体既相似又截然不同的道路,经济快速发展与资源环境的恶化之间积累了一系列深层次的矛盾和问题。这些矛盾和问题不仅是政府和企业面临的严峻挑战,也是发达国家所形成的基本理论所无法解释的,同时也是我国环境经济学理论界所面临的重大理论课题。

其次,"十二五"时期是中国经济转型和资源环境问题集中爆发和有效处理的关键阶段,本次研讨会的与会学者在结合国外环境经济学的经典理论的同时,紧紧把握住中国资源消费和环境演变的特征,就如何从实践中解决中国的环境问题提出许多政策建议,这些建议无论是为政策制定者还是企业的经营者,都提供了重要的参考价值,并为未来的研究提供了新的方向。

最后,本次研讨会展现了特别的教育功能和价值。研讨会除了得到国内外环境经济学知名学者的关注外,更是吸引了相当多的在读博士生和硕士生参与报告与讨论,展现了中国环境经济学研究的勃勃生机,提升了我们解决中国资源与环境问题的力量和信心。

研究论文
Article

中国制造业部门存在"污染避难所"效应吗
—— 基于贸易隐含碳的实证分析[①]

□ 何 洁[1][②] 傅京燕[2]

（1. 舍布鲁克大学经济与管理学院； 2. 暨南大学经济学院）

摘要：基于单边投入产出模型，本文首次计算了中国 1996～2004 年对外贸易的贸易隐含污染平衡（BEET）和环境贸易条件（PTT）指标值。结果显示，中国是污染排放的净出口国，但我们同时发现中国出口产品实际比进口产品的污染强度低。我们的计量估计结果也表明，中国在污染较少的劳动密集型行业具有比较优势，而且中国的主要出口部门也是污染程度较低的部门。中国的 BEET 指标为正值是因为中国所有行业的整体排放强度比它的贸易伙伴国要高很多。我们的结论同时揭示，国际生产分工并没有考虑到不同国家生产者的环保状况，这是产生贸易碳泄漏现象的主要原因，而所谓的"污染避难所"假说只在其中起很小的作用。

关键词：单边投入产出模型　"污染避难所"假说　碳泄漏　比较优势　BEET　环境贸易条件　中国

Is "Pollution Haven" Hypothesis Valid for China's Manufacture Sectors? An Empirical Analysis Based on Carbon Embodied in Trade

He Jie, Fu Jingyan

Abstract: Based on single-country linked Input-Output model, this paper

---

① 该研究受到了加拿大魁北克省 FQRSC、中国国家自然科学基金项目（项目编号：70703015）和中国国家社会科学基金重大项目（项目编号：09&ZD021）的支持。笔者还特别感谢张珊珊、李丽莎同学出色的研究助理工作。

② 何洁，通信地址：Faculté d'Administration, Université de Sherbrooke, 2500 bd de l'Université, Sherbrooke, J1K2R1, Québec；电话：819-821-8000#62360；邮箱：jie.he@usherbrooke.ca。

first calculated the balance of emission embodied in trade (BEET) and pollution trade terms (PTT) for China's international trade during 1996-2004. Our results confirm China as a net emission exporter but also find China's exports to be less-polluting than China's import. Our estimation results confirm the findings of IO analysis and reveals that China has comparative advantages in less polluting labour-intensive sector. The reason China which exports principally in less-polluting sectors to have a positive BEET is because China has higher emission intensity in almost all sectors than its trade partners. Our conclusion also reveals international production division is organised without consideration of environmental performance of producers of different countries, this is the principal reason for the carbon leakage phenomenon related to international trade, while the pollution haven hypothesis plays actually a marginal role.

Key words: Single-country linked input-output model Pollution haven hypothesis Carbon leakage Comparative advantage BEET Pollution terms of trade China

1 前言

京都议定书是目前旨在减少缔约国温室气体（GHG）排放的应用最广泛的国际条约。该条约的基本理念是"共同但有区别的责任"，它将所有政府分别归为附件一国家和非附件一国家。它为各国的 GHG 减排量规定了标准，即在 2008~2012 年，附件一国家的 GHG 排放量比 1990 年的排放量平均要低 5.2%，而对非附件一国家则没有规定 GHG 减排指标。

有些学者认为，这种"共同但有区别的责任"可能促使附件一国家将碳密集型产业转移至非附件一国家的贸易伙伴国内进行生产，再从伙伴国进口最终产品用于国内消费，于是就产生了"碳泄漏"[1,2]。如果当前观察到的附件一国家 GHG 排放的下降趋势，只是"补偿"一些非附件一国家的 GHG 排放上升趋势，那么全球碳稳定/降低的目标将无法实现。更糟糕的是，由于非附件一国家的碳强度往往比附件一国家高，碳泄漏过程将推升总体 GHG 排放，并加速全球变暖的进程。

自 20 世纪 90 年代以来，人们就开始运用环境投入产出模型对"碳泄漏"现象进行了大量研究。这些研究的基本思想是，利用投入产出分析计算贸易制成品生产中部门的直接排放以及提供其中间投入品的上游部门的间接排放。大多数研究得出的结论是，国际贸易的确促使国家间进行碳负担转移。Wyckoff 和

Roop 发现，平均而言，六个最大的经济合作与发展组织（OECD）国家的总排放中有 13% 被隐含在了进口制成品中[3]。Peters 和 Hertwich 发现，大约 5 亿吨 CO_2 被隐含在了商品和服务贸易中，而贸易流大部分是从非附件一国家到附件一国家[4]。其他国家层面的研究也得出了类似的结论，如 Peters 和 Hertwich 证实，挪威进口隐含碳排放占其国内总排放的 67%，其中一半来自发展中国家，而价值却只占到挪威进口总值的 10%[5]。Shui 和 Harriss 也指出，中国目前 CO_2 排放的 7%～14% 应归因于向美国出口消费品[6]。

实际上，"碳泄漏"起源于"污染避难所"假说（PHH）[7~9]。该假说认为，在贸易自由化过程中，环境规制较严的发达国家将会失去他们污染行业的竞争优势，而环境规制较宽松的发展中国家将取得这一部分市场份额。因此，宽松的环境规制可能被视为发展中国家的"比较优势"，而促使发展中国家逐渐专业化于污染产业生产，并最终沦为"污染避难所"。然而，我们认为应该将碳泄漏和"污染避难所"区分开来。所有导致贸易污染平衡顺差的情况都可以被认为是碳泄漏，而只有一个国家的比较优势集中于污染密集型行业时这个国家才可以被称为"污染避难所"。

基于中国制造业部门，本文研究碳泄漏和"污染避难所"假说两者并存的现象。为此，我们采用投入产出模型。该模型使得我们得以首次计算出中国与其前三大贸易伙伴美国、欧盟和日本以及全世界其他国家，在贸易中的贸易隐含污染平衡和环境贸易条件。该模型还分别计算了不同贸易伙伴的出口和进口总排放强度，并使用这两个指标以及中国行业层面的面板数据（1996～2004 年）来回归解释每个部门的比较优势决定因素。

本文的结构如下：第二、第三部分分别是关于中国 PHH 和投入产出分析的现有文献综述。第四部分构造投入产出模型并解释数据来源。投入产出（IO）分解的主要结果将放在第五部分。第六部分为 16 个行业面板数据的计量分析，分别通过要素禀赋和环保状况两方面研究测定形成比较优势的要素。

2 "污染避难所"假说文献

到目前为止，绝大多数基于区域污染案例（SO_2、PM、NO_x 等）的低管制"污染避难所"实证研究结果所提供的结论还很不一致，其中只有一小部分支持"污染避难所"假说[10~17]。同 Antweiler 等类似[18]，Cole 等得出的结论是："不管是积极的还是消极的，贸易对环境的影响都应该很小。"而更多的研究结果无法证明存在"污染避难所"[19~32]。甚至有一些研究得出完全相反的结论[33~35]。关于贸易与环境关系的不确定性，我们总结出两方面的原因。

首先，Copeland、Taylor 和 Antweiler 等提出，一个国家的比较优势是由经济体的两个特性所决定的：自然要素禀赋和环境规制强度[9,18,36]。虽然发展中国家的低收入水平使其不能采取严格的环境规制，但是一个发展中国家是否真的会变成"污染避难所"还取决于其自身要素禀赋。假设污染密集型行业一般都是资本密集型行业，Copeland 和 Taylor 指出，只有当污染遵从成本优势扩大到足以克服相对于发达贸易伙伴更高的资本成本时，一个发展中国家才会专业化于污染产业[9,36]。

其次，根据 H-O 模型，"污染避难所"假说的基本假设是贸易伙伴之间技术水平相当。基于这一假设，各国通过国际贸易用自身相对充裕的要素去交换相对稀缺的要素（包括 H-O 模型或 PHH 环境服务中的资本或劳动）。然而，正如"里昂惕夫之谜"所提出的，要素的质量在各国不尽相同，所以一个产品在一个国家可能是劳动密集型的，而在另外一个国家却是资本密集型的。同样，我们也可以假设，由于不同国家生产技术和能源效率的潜能存在差异，同一类产品在某个国家生产可能会比在另外一个国家生产污染更大。Xu 和 Song 指出，亚洲各国和美国的污染强度存在潜在差异，并指出这些差异对贸易隐含环境服务的计算可能产生的影响[37]。

因此，一些学者提出，应该从行业层面对双边贸易的污染度而不仅仅是对一国贸易总量来展开分析，从而对行业间和国家间的技术和环境规制差异有更准确的了解。Grether 等就做过这样一个有趣的研究，通过引力模型，他们研究了超过 50 个国家 1986~1996 年与美国双边贸易中分产业进口污染量的相关因素[31]。

3 基于投入产出模型的中国贸易隐含污染研究

自从 Fieleke 首次使用投入产出模型以来，至今投入产出模型已经被广泛应用于贸易物品的"环境"量化分析[38]；Wyckoff 和 Roop 将投入产出模型用于 6 个 OECD 国家的研究[3]；Kondo 等用于研究日本[39]，Lenzen 用于研究澳大利亚[40]；Munksgarrd 等用于关于丹麦的研究[41]，Machado 等用于研究巴西[42]，Peters 和 Hertwich 用于分析挪威[5]，Lenzen 等用于研究丹麦[43]，Hayami 和 Nakamura 用投入产出模型分析加拿大和日本的双边贸易[44,45]，Aukerman 等在研究日本和美国的文章中也用了投入产出模型[46]，Norman 等用投入产出模型研究加拿大和美国的双边贸易[47]，等等。

虽然自从1990年以来IO分解就已经被频繁应用于环境分析，但其在中国贸易隐含排放和能源研究中的使用直到2000年才真正开始。一些早期的研究只估算出口隐含排放，因为估算进口隐含排放需要区分中国和其贸易伙伴国之间的生产技术差异。Liu等估算了1992～2005年中国的贸易隐含能源[48]，Weber等则计算出1987～2005年中国由于生产出口产品而产生的二氧化碳排放[49]。为了将进口隐含排放也纳入考虑范围，一些研究采用"进口替代"假设，即假设外国生产的排放强度等于中国生产的排放强度。基于该假设计算出的进口隐含排放其实是"避免"的排放，而不是原始出口国的真正排放。在该假设下，Li等利用单边国家投入产出模型考察了中国1996～2004年的贸易隐含能源[50]。考虑到中国和其贸易伙伴国之间碳强度存在潜在差异，Pan等采用原始出口国的排放率计算出中国进口隐含排放[51]。其他一些学者还设计了联结单边国家模型，将外国IO表和碳强度率纳入贸易隐含碳的计算之中。这样的研究包括：Liu等研究了中国和日本的双边贸易[48]，Shui和Harriss、Temurshoev分析中国和美国的贸易[6,52]，Li和Hewitt考察了中国和英国的双边贸易[53]，Reinvang和Peters研究的是中国和挪威之间的贸易[54]。

大多数研究结果显示，中国在贸易快速发展的同时，污染排放也不断增长。虽然有一小部分研究指出中国是污染排放的净进口国[50]，但大部分研究都一致认为中国是碳排放净出口国。我们认为，上述不同的结论主要由碳排放假设以及贸易伙伴生产结构之间的差异而导致。图1显示了1980～2006年中国和其最重要的贸易伙伴国的碳强度差。

图1 中国和其主要贸易伙伴国之间的碳排放强度差距

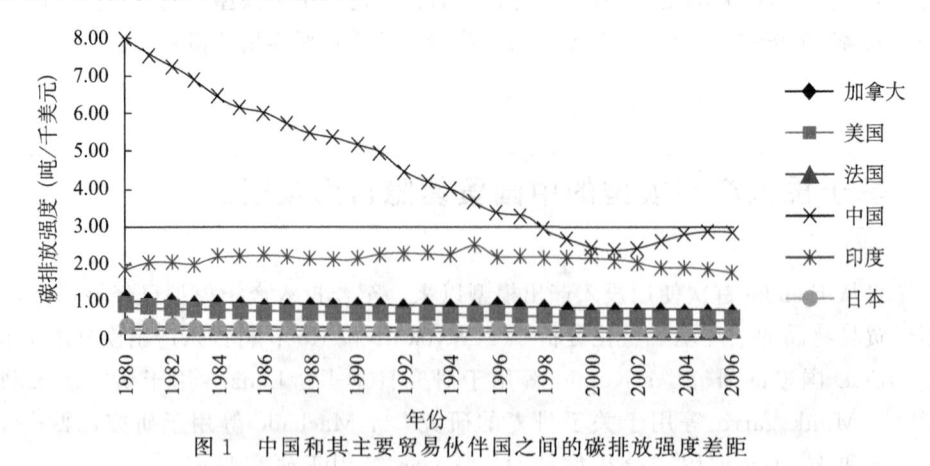

Fig. 1 Carbon intensity gaps between China and its main trade partners (comptetitor)

虽然在过去15年里，中国的碳效率有了显著提高，但每单位GDP的碳排放强度依然是加拿大的 5 倍,美国的 3.9 倍,法国和日本的 10 倍以上,印度的大约 1.6 倍。在计算中国进口排放强度时,中国和其贸易伙伴国之间的巨大技术差距和生产结构的不同对 BEET 测算的影响不容忽视。Milner 和 Xu 的研究结果显示确实如此[55]。他们发现,如果计算 BEET 时采用的是进口"避免"排放,则中国是碳净进口国;而如果把排放的进口部分作为原始出口国的排放的话,中国就变成了碳的净出口国。

4 IO 模型

估算贸易隐含碳的基本原则是,将对外贸易数据(出口量和进口量)和总碳排放强度系数分别相乘。而 IO 分析方法的用途就是在综合考虑每单位最终产品生产的直接和间接排放的基础上来计算出具体部门的总碳(能源)排放强度系数[56]。

根据 Leontief[57]、Miller 和 Blair[58],一个经济体的总产出可以计算如下:

$$x = (I - A^d)^{-1} y$$

式中,$(I-A^d)^{-1}$ 为 $N \times N$ 里昂惕夫逆矩阵,元素 b_{ij} 是每个部门 i 为部门 j 的一单位最终需求产品的生产所提供的中间产品量。x 是 $N \times 1$ 的总产出向量,元素 x_i 中,$i=1, 2, \cdots, N$。对应于每个经济部门 i,y 为 $N \times 1$ 的最终需求向量,由 y_i 组成,每个 y_i 又可以细分为包括家庭消费、政府消费、投资、库存量变动以及最终出口到外国的部分(可按出口目的地国再进一步细分)。

假设 CO_2 排放强度系数矩阵为 $\hat{\Omega}$,每个部门的总隐含碳排放(直接加上间接)为

$$f = \hat{\Omega} x = \hat{\Omega} (I - A^d)^{-1} x$$

式中,f 是由产业部门 CO_2 排放总量向量 f_i 构成的 $N \times 1$ 矩阵;$\hat{\Omega}$ 为 $N \times N$ 的对角矩阵,对角线上的 z_{ij} ($i=j$) 为部门 i 的 CO_2 排放强度系数,非对角线上的元素为 0。

基于上述方程,中国的出口隐含 CO_2 排放可以通过下式直接计算:

$$f^x = \hat{\Omega} (I - A^d)^{-1} \exp$$

式中,exp 为 $N \times 1$ 出口量向量;$\exp_i$ 为每个部门 i 的出口值。

我们还可以将此计算方法用于进口计算,因而中国由于进口产品所"避免"的排放量可表示如下:

$$f^m_{\text{avoided}} = \hat{\Omega} (I - A^d)^{-1} \text{imp}$$

式中,imp 为 $N \times 1$ 出口量向量;imp_i 为具体到每个部门的进口量。

由于不同国家可能有完全不同的技术系数，或不同国家生产同一个最终产品所使用的中间投入的结构不同，通过进口"避免"的污染并不等于出口国生产实际"产生"的污染。考虑到中国主要贸易伙伴的碳排放效率普遍高于中国，出口国的实际排放应当低于中国通过进口"避免"的排放量。为了估计中国对外贸易中"碳泄漏"导致的污染负担实际转移量，我们考虑采用联结单一区域IO模型。[①] 通过该模型，我们可以将中国和其贸易伙伴国的各自的投入产出表通过双边贸易的统计数据联系起来，用于计算双边贸易中中国和其贸易伙伴国的实际排放负担。[②]

因此，中国由外国 k 进口产品所造成的排放可计算如下：

$$x_k = (I - A_k^d)^{-1} y_k^{im}$$

式中，y_k^{im} 是中国从 k 国进口量的 $N \times 1$ 向量；$y_{k,i}^{im}$ 为每个部门 i 的进口量。从 k 国进口产品的隐含排放为

$$f_k = \hat{\Omega}_k (I - A_k^d)^{-1} y_k^{im}$$

式中，f_k 为中国从 k 国进口产品的隐含碳排放，由 $N \times 1$ 向量组成，向量元素 $f_{k,i}$ 为 k 国具体每个部门 i 的进口隐含碳排放；$\hat{\Omega}_k$ 为 k 国的 CO_2 排放强度系数所构成的 $N \times N$ 对角矩阵。

将中国 i 部门从所有进口国进口的隐含排放量加总，即为我国 i 部门总的进口隐含排放量：

$$f^m = \sum_k f_k$$

一旦我们得到每个部门的出口和进口隐含排放，就可计算出行业层面的贸易隐含污染平衡值，即出口隐含污染减去进口隐含污染。对部门 i 而言，BEET>0 意味着环境意义上的贸易盈余，即参与国际贸易导致排放增加；相反，BEET<0 意味着贸易排放赤字，即参与国际贸易促使部门 i 的污染减少。

$$\text{BEET}_i = f_i^x - f_i^m$$

另外一个可计算的指标为环境贸易条件（PTT）[20]。

[①] Hayami 和 Nakamura 采用该模型考察加拿大和日本贸易中的隐含 GHG 排放。Haya miH, Nakamura M. Greenhouse gas emissions in Canada and Japan: sector-specific estimates and managerial and economics impactions Journal of Environmental Management, 2007, 85: 371-392.

[②] 联结单一国家模型的缺点之一是，它不包括进口中间产品的需求矩阵（Am），而只考虑了国际进口供应链的最后一个环节。例如，从中国出口到美国的产品 A，其生产中间产品中可能包括从加拿大进口的产品 B。而联结单一国家模型计算出的从美国到中国的碳泄漏只简单地假设，产品 A 的所有生产环节都是在中国进行的，这样就会夸大计算出的碳泄漏规模。不过，Lenzen 等[43]以丹麦为例研究指出，排除这种中间产品贸易"feedback loop"只会造成 1%~4% 偏差。考虑到将这些中间产品贸易"feedback loop"纳入进口排放计算将给我们带来的巨大的数据处理负担，本文选择采用联结单一国家模型。

$$\mathrm{PTT}_i = \frac{f_i^x / \exp_i}{f_i^m / \sum_k \mathrm{imp}_{i,k}}$$

PTT 为一国单位出口隐含污染除以其单位进口隐含污染的商。PTT>1 意味着一国单位出口隐含污染强度大于单位进口隐含污染强度。

还可以将进口数据与中国排放强度系数相乘,得出中国通过进口而避免的排放。各指标可以用于计算另外两个指标:

$$\mathrm{BEET}_{\mathrm{avoided},i} = f_i^x - f_{\mathrm{avoided},i}^m$$

$$\mathrm{PTT}_{\mathrm{avoided},i} = \frac{f_i^x / \exp_i}{f_{\mathrm{avoided},i}^m / \sum_k \mathrm{imp}_{i,k}}$$

5 数据来源

上一节介绍的投入产出模型需要四个方面的数据:中国及其贸易伙伴的投入产出表;中国与其贸易伙伴的双边贸易数据;关于能源消费、产出的国家层面和行业层面的数据;不同能源碳含量数据以及每个国家的 CO_2 排放强度系数矩阵。为了避免由于贸易伙伴国数量众多而造成的大量数据处理负担,在本文中,我们将中国的贸易对象分为四组:美国、日本、欧洲和其他。与前三组的贸易额占了中国进/出口贸易总额的 55%~60%。

投入产出数据来自 OECD 2009 年版本的数据库,该版本提供了中国、美国、日本和欧盟(以英国的为基础)1995 年、2000 年、2005 年的投入产出表。整合数据的原则是尽量保证可能详细的行业分类。

能源消耗和工业总产值数据来自《中国统计年鉴》。根据政府间气候变化专业委员会(IPCC)的标准,我们计算了每种类型的能源燃烧转化的 CO_2 排放量[59]。这里使用的中国 CO_2 排放量是从实际能源消耗数据计算而得。鉴于数据的可获得性和行业对接困难,对中国的四组贸易伙伴国行业层面的 CO_2 排放强度的衡量是通过对以中国数据为基础,并考虑到中国与贸易对象国在全国平均碳排放量上的差异来记忆统一调整。以美国为例,某一年的排放强度转换因子为:

$$\lambda_{\mathrm{chn}}^{\mathrm{us}},_t = \frac{f_{\mathrm{us},t}}{f_{\mathrm{chn},t}} = \frac{\mathrm{CO}_{2\mathrm{us},t} / \mathrm{GDP}_{\mathrm{us},t}}{\mathrm{CO}_{2\mathrm{chn},t} / \mathrm{GDP}_{\mathrm{chn},t}}$$

美国的某个具体行业 i 第 t 年的碳排放强度系数为：

$$f_{\text{us}, i, t} = f_{\text{chn}, i, t} \cdot \lambda_{\text{chn}, t}^{\text{us}}, \quad ①$$

同时，我们假设前三组以外的其他组的排放强度等于中国的排放强度。

6 投入产出分析的估计结果

表 1 给出了 1996～2004 年的出口和进口隐含排放计算结果以及相应的 BEET 和 PTT 指标值。我们看到，在此期间，中国一直是排放净出口国，不论是真实 BEET 的绝对值（正值）还是 PTT 相对值（PTT＞1）[②]。从动态的眼光看，虽然碳平衡的绝对值在 1996～2004 年有所上升[③]，但是 PTT 值却明显下降。这意味着，虽然以绝对值计算的贸易隐含碳顺差还在不断扩大，但单位出口隐含碳与单位进口隐含碳之间的差距在缩小，特别是 1999 年以后。这与中国近几十年来碳排放快速下降的事实相符，如图 1 所示。

表 1 国家层面双边贸易的隐含碳

Tab. 1 National level and bilateral trade related embodied carbon

年份	1996	1997	1998	1999	2000	2001	2002	2003	2004
进口隐含碳	373 605	363 080	284 243	258 925	282 743	259 338	300 994	404 142	462 108
进口避免的碳排放	612 573	590 486	499 705	509 930	517 522	458 862	516 966	644 604	748 133
出口隐含碳排放	609 852	629 475	621 076	704 963	727 785	606 376	652 550	757 104	926 384
BEET	236 247	266 395	336 834	446 038	445 043	347 038	351 556	352 961	464 276
BEET (avoided)	−2 721	38 989	121 371	195 033	210 263	147 513	135 584	112 500	178 251
PTT	1.13	1.12	1.30	1.48	1.39	1.29	1.26	1.17	1.21
PTT (avoided)	0.69	0.69	0.74	0.75	0.76	0.73	0.73	0.73	0.74

---

① 这一转换的基本假设是，外国贸易伙伴国和中国拥有同样的行业能源消费结构。在这一假设下计算的排放忽视了其他国家同中国的能源消费结构潜在差异，因而会造成估计偏差。然而，我们认为这样的牺牲是值得的。迄今为止，只有 Milner 和 Xu[55] 研究过中国与世界其他国家的 BEET。为了计算中国同全世界贸易中的 BEET，他们采用的联结单一国家模型假设中国的所有进口来源国家拥有同美国一样的生产和能源消费结构。相对而言，本文采用的贸易伙伴国的碳排放强度的推算方法有以下两个优点：首先，我们将不同进口来源国家的生产结构和平均能源消费效率作了区分，这样测算出的 BEET 比 Milner 和 Xu[55] 的更接近真实水平。其次，本文还分别计算了中国同三个基本贸易国的 BEET：美国、日本和欧洲，这可以进一步用于区域比较优势因素分析。

② 除了 1996 年 BEET 显示为微小的负值。

③ 除了 2001～2002 年这一段很短的时期，我们观察到 BEET 略有下降，这可能是由于这几年中国的能源消耗数据大量缺失，很多污染严重的小煤矿被官方关闭并从官方统计数据中删除，但在中国加入 WTO 后越来越迫切的能源需求压力下，很多小煤矿依然在非法开采。

进一步计算中国与三个主要贸易对象日本、美国和欧盟的双边贸易 PTT 值。鉴于这些国家（地区）的碳效率明显高于中国，与这些国家贸易的 PTT 值自然要高于与全世界贸易的 PTT 值（图 2）。与日本贸易的 PTT 值最高，其次是欧盟。这一般可以理解为日本的能源和碳利用效率均高于欧洲。与美国贸易的 PTT 值似乎是三个里面最低的，这主要是由于美国的碳密集度比日本和欧洲的更高。

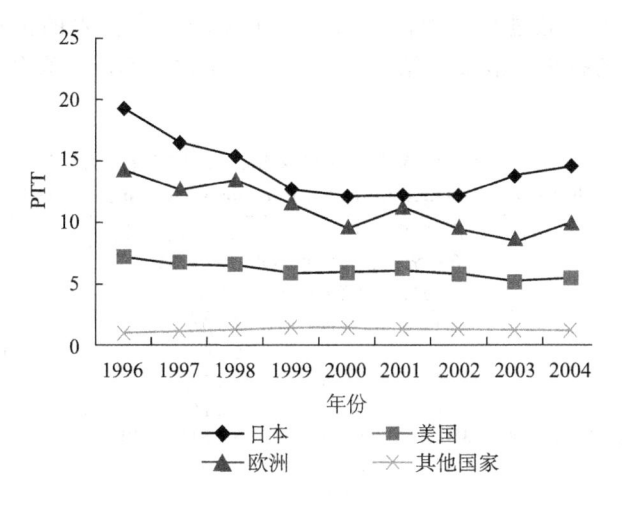

图 2 中国和其主要贸易伙伴国的碳排放贸易条件

Fig. 2 A china's pollution terms of trade with respect to its principal trade partners

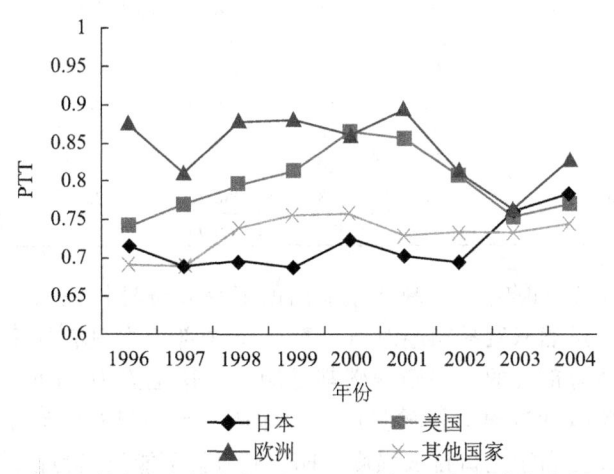

图 3 中国和其主要贸易伙伴国间双边贸易所避免的碳排放贸易条件

Fig. 3 China's avoided pollution terms of trade with respect to its principal tade partners

在表 1 中我们还给出了"避免"排放的 BEET 和 PTT 值。这两个指标是将出口隐含排放与由于进口而"避免"的本国排放相比较而得出的。由于中国的碳效率较低,用"避免"排放算出来的碳盈余比实际 BEET 要小。更有趣的是,用单位出口隐含碳与单位进口避免碳相比较算出来的一系列 PTT$_{avoided}$ 值小于 1。这就说明,对中国来说,每一美元出口的实际排放小于每一美元进口避免的排放。中国实际上出口的产品污染程度较进口的产品污染程度要低。这同样可以从双边贸易 PTT$_{avoided}$ 全部值均小于 1 的结果看出来(图 3)。这个结果实际意味着中国通过从其他国进口产品可以降低全世界的碳排放,因为中国进口所避免的排放(表 2 中第二列)往往高于进口实际隐含的排放(表 1 中第三列)。

表 2 贸易隐含碳排放(2004 年,16 个制造业部门)
Tab. 2 Emission embodied in trade for 16 manufacturing sectors in 2004

项目	出口隐含排放/百万吨	进口隐含排放/百万吨	净贸易顺差(出口-进口)/百万美元	BEET/百万吨	PTT	PTT 变动率(相对于 1996 年)
食品、烟草和饮料	49	25	27.07	23.42	1.48	-12.81
纺织、服装和皮革业	463	82	929.63	381.21	1.13	-7.02
木材制品	68	6	230.17	61.57	1.01	-5.44
造纸印刷业	213	90	-7.14	123.38	2.61	-11.77
石油加工、炼焦及核燃料加工业	3 499	2 098	-53.42	1401.65	4.57	-15.66
化学工业	1 672	1 087	-318.00	585.03	4.20	3.38
医药制造业	27	9	4.12	18.07	2.85	108.76
橡胶和塑料制品业	109	25	243.85	84.52	0.53	5.85
非金属矿物制品业	777	177	92.47	600.89	0.94	-20.18
有色金属业	1794	743	-69.00	1051.62	3.78	11.71
其他金属	353	190	-68.74	163.29	3.44	-2.83
其他金属制品	50	8	326.05	42.11	0.93	-33.15
机械设备	79	27	626.00	52.72	1.71	-35.60
电子设备制造业	37	14	750.00	23.07	1.56	-14.66
专用设备制造业	38	20	-31.00	18.02	2.17	-19.25
交通运输设备制造业	35	23	-86.00	12.20	2.57	18.72
合计	9 264	4 621	2 596.06	4 642.76	1.21	6.32

表 2 给出了 2004 年 16 个制造业部门的贸易和贸易相关的隐含排放详细情况。我们看到,虽然从贸易额绝对值上看,16 个部门中只有 9 个部门的出口大于进口,然而所有部门的贸易隐含碳都是顺差。这是因为 BEET 的最终结果实际取决于贸易顺差和进出口排放强度差。即使一个部门有贸易赤字,只要它的出口排放强度充分高于进口排放强度,BEET 值就可能依然为正。

表 2 中还列出了每个行业的 PTT 值。只有三个行业(非金属制品、其他金属制品、塑料和橡胶制品)的 PTT 值小于 1,说明其出口排放效率优于进口排放效率。对于中国贸易顺差最显著的大多数的轻工业部门(纺织、木制品、电

子设备、机械及设备），PTT 值均大于 1，说明相关出口排放效率要低于进口。总而言之，中国向世界各地的出口有增加全球碳排放量的趋势。

从表 2 中我们还发现了另一个有趣的现象，几乎所有享有贸易顺差的部门的 PTT 值都相对较小，而经常贸易逆差的部门的 PTT 值相对要大。这表明，中国相对更专业化于比较清洁部门的生产，这些部门往往是劳动密集型的轻工业。图 4 中的点图利用表 2 中 16 个部门的数据展现了 PTT 值与贸易平衡之间很明显的负相关关系。显然，较高的贸易顺差往往伴随着较低的 PTT 值，即使几乎只有很少的 PTT 值<1。

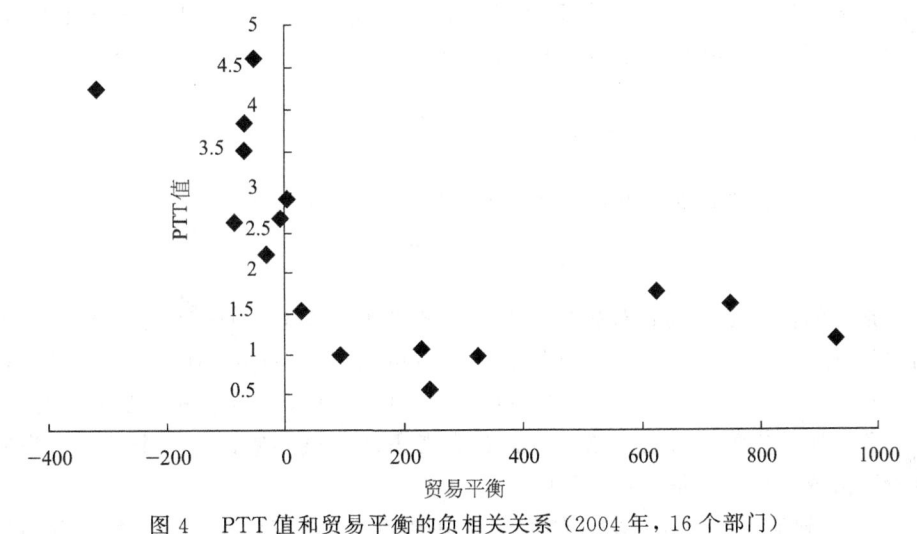

图 4　PTT 值和贸易平衡的负相关关系（2004 年，16 个部门）
Fig. 4　Correlation PTT-trade surplus（2004，16 sectors）

从动态时间上看，1996～2004 年大多数行业的 PTT 值均有所下降（表 2 中 PTT 变量列）。这表明，相对贸易伙伴国，这期间很多产业部门的技术和生产效率都有了普遍的提高。然而，并不是所有部门的 PTT 值都下降。医药化工产品、运输设备、橡胶和塑料制品这几个部门的 PTT 值自 1996 年以来一直在上升。这只能通过各部门的具体特征来加以解释。

7　"污染避难所"假说研究

至此，我们的 IO 分析表明，中国的碳效率较低，而贸易顺差更多地集中于相对清洁的部门。大部分部门的 BEET 为正，主要是由于贸易顺差以及比其他国家具有更高的排放强度。

为了进一步深化该问题,我们使用行业层面的面板数据来研究中国国际贸易模式的决定因素,以中国比较优势为基础,特别关注要素禀赋假说(FEH)和"污染避难所"假说的验证。

本文使用的估计方程为:

$$\text{RSCA}_{it} = \alpha + \beta_1 \text{PHH}_{it} + \beta_2 \text{FEH}_{it} + \beta_3 \text{tariff}_{it} + \beta_4 \text{R\&D}_{it} + \beta_5 \text{size}_{it} + v \text{ time dummy} + u_{it} + \varepsilon_{it}$$

式中,下标 i 表示部门,t 表示年份。因变量为比较优势指数,称作显示性对称比较优势(RSCA)[60]。该指标是对最初 Balassa 的显示性比较优势指数(RCA)的调整[61~63]。最初第 t 年的 RCA 值计算如下[①]:

$$\text{RCA}_{it} = \frac{x_{it}/\sum_i x_{it}}{x_{w,it}/\sum_j x_{w,it}}$$

Laursen 通过简单的变换用 RSCA 替代原来的 RCA[60]:

$$\text{RSCA}_{it} = \frac{\text{RCA}_{it} - 1}{\text{RCA}_{it} + 1}$$

调整指标的优点是它具有对称性,经过上式变换,RSCA 的值介于 $-1 \sim 1$,中间值为 0。当 RSCA_{it} 小于 0 时(位于 $-1 \sim 0$ 的负值),行业 i 在第 t 年处于比较劣势;反之,当 RSCA_{it} 大于 0 时(位于 $0 \sim 1$ 的正值),该部门拥有比较优势。

关于比较优势的决定因素,我们首先考虑两个核心假设:一个是"污染避难所"假说,另一个是要素禀赋假说。

"污染避难所"假说认为,作为发展中国家,中国应该在污染密集型部门拥有比较优势;因为中国相对较低的人均收入水平不容许它像它的主要贸易伙伴国一样重视环境质量。因此,我们采用每单位进口的总碳强度作为独立变量(emiM)[②]。该变量的系数为正,意味着污染密集型行业更倾向于向中国转移,并因此推高中国在污染行业的比较优势。基于以上推论,该系数应该显著为正,才能证明"污染避难所"假说的存在。

对于要素禀赋假说,我们测量代表变量资本密集度比率(K/L)。这种测量方

---

① 因此,RCA 测量的是部门 i 出口额在中国总出口中的份额与全球同一部门出口额占全球总出口份额的比值。RCA 越大,说明中国的行业 i 的比较优势越强。比较优势指标值介于 $0 \sim +\infty$。当 $0 < \text{RCA} < 1$ 时,意味着不存在比较优势;当 $1 < \text{RCA}$ 时,意味着存在比较优势。

② 之所以不使用出口总排放强度或 PTT 的原因在于,"污染避难所"假说一般是需求方压力提出的,相对于发展中国家,如中国,发达国家施行严格的环境保护规制将导致其污染行业丧失比较优势。因此,从中国角度来看,其污染行业比较优势的形成更多的是由于贸易伙伴国的高排放强度,而不是由于中国本身的污染状况。

法已经被广泛应用于贸易与环境的关系研究中,包括最重要的研究如 Antweiler 等[18]以及 Cole 和 Elliott[64],等等。根据 H-O 模型,像中国这样拥有丰富廉价劳动力资源的国家,其劳动密集型部门应该具有比较优势。因此,我们预期资本密集度比率(K/L)的系数为负,其中 K/L 比率较低,而 RSCA 指标较高。

我们还在比较优势估计方程中引进其他解释变量。它们分别是:研发(R&D),衡量每个部门研发支出占相应部门总经济增加值的比重;单个部门的企业平均规模,由同一部门的总产出除以该部门的总企业数计算得出;关税(从价),指每 100 美元进口额的税率。一般认为,积极的研发、较大的企业规模以及较高的从价税应该有益于形成比较优势,所以我们预计这三个独立变量的系数均为正。为了考察部门之间比较优势演化的共同潜在趋势,我们在方程中还加入了针对不同年份设置的虚拟变量。我们预计用这些虚拟变量的系数值来解释不同部门比较优势的共同演化趋势。表 3 给出了这些变量的描述性统计值。

表 3 统计描述
Tab. 3 Statistics descriptive

变量	描述	观测数	平均值	标准差	最小值	最大值
RSCA	显示对称性比较优势	144	−0.146	0.402	−0.817	0.581
PTT	贸易环境条件	144	2.452	1.433	0.500	6.900
emiM	每一美元进口额的总排放/(吨/100 美元)	144	3.2E-03	6.7E-03	1.0E-05	4.0E-02
K/L	K/L / (10 000 元/人)	144	0.099	0.039	0.037	0.230
R&D	RD/总增加值	144	0.018	0.018	0.001	0.077
size	每个企业的平均经济增加值(1 000 万元)	144	0.184	0.198	0.009	0.984
tariff	从价税(100 美元)	144	0.016	0.010	0.005	0.057
emiM_relative	emiM 行业之间相对水平差异	144	−2.2E-11	6.6E-03	−4.3E-03	3.5E-02
emiM_dynamic	行业内部 emiM 动态变化	144	2.5E-11	1.7E-03	−7.0E-03	1.3E-02
RSCA_us	与美国双边贸易的显示性对称比较优势	144	−0.184	0.462	−0.911	0.637
emiM_us	与美国双边贸易的贸易环境条件	144	1.1E-03	2.0E-03	3.4E-06	9.3E-03
emiM_relative_us	与美国双边贸易中的 emiM 行业之间相对水平差异	144	4.9E-12	2.0E-03	−1.4E-03	8.0E-03
emiM_dynamic_us	与美国双边贸易中的行业内部 emiM 动态变化	144	−1.3E-11	6.8E-04	−4.0E-03	3.5E-03
RSCA_japan	与日本双边贸易的显示性对称比较优势	144	−0.142	0.394	−0.817	0.623
emiM_japan	与日本双边贸易的贸易环境条件	144	3.6E−04	7.7E-04	1.1E-06	4.4E-03
emiM_relative_japan	与日本双边贸易中的 emiM 行业之间相对水平差异	144	−2.02e-12	7.7E-04	−4.6E-4E	3.9E-03

续表

变量	描述	观测数	平均值	标准差	最小值	最大值
emiM_dynamic_japan	与日本双边贸易中的行业内部 emiM 动态变化	144	−6.5E-13	1.9E-04	−1.0E-03	1.2E-03
RSCA_europe	与欧洲双边贸易的显示性对称比较优势	144	−0.156	0.415	−0.955	0.522
emiM_europe	与欧洲双边贸易的贸易环境条件	144	5.5E-04	9.6E-04	2.4E-06	5.1E-03
emiM_relative_europe	与欧洲双边贸易中的 emiM 行业之间相对水平差异	144	1.6E-12	9.6E-04	−6.9E-04	4.5E-03
emiM_dynamic_europe	与欧洲双边贸易中的行业内部 emiM 动态变化	144	-3.7E-12	2.4E-04	−1.2E-03	1.3E-03

表 4 和表 5 里列出了方程 * 的估计结果。表 4 采用 emiM 作为 PHH 测量因素，用 K/L 作为 FEH 测量因素。考虑到面板数据的多维性，我们可以用时间维度上同一组（更准确地说是同一部门）数据的变化来衡量 PHH 以及 FEH 决定因素的动态变动，而用水平维度上不同组（更准确地说是不同部门）同一时期的相对差异来衡量 PHH 以及 FEH 决定因素的同期相对差异。利用这个思想，我们将 emiM 和 K/L 进一步细分为动态变动的（后缀为"动态的"）和相对差异的（后缀为"相对的"）两组衡量指标。相关结果显示在表 5 中。

表 4 显示性对称比较优势的决定因素（一）(RSCA)

Tab. 4 Determinants of revealed symmetrical comparative advantages (RSCA)

因素	全部贸易	美国	日本	欧洲
emiM	−6.888	−8.186	−4.667	−66.245
	(2.36)**	(0.84)	(0.14)	(2.37)**
K/L	−3.381	−3.461	−2.143	−6.889
	(2.40)**	(2.01)**	(1.27)	(3.56)***
R&D	−0.678	0.306	−0.656	−1.901
	(0.78)	(0.29)	(0.62)	(1.50)
size	0.087	−0.095	−0.057	0.247
	(0.40)	(0.37)	(0.21)	(0.81)
tariff	2.748	0.933	10.167	−1.820
	(0.98)	(0.27)	(3.13)***	(0.52)
1996 年	0.025	0.016	−0.247	0.387
	(2.67)***	(2.28)**	(2.76)***	(2.94)***
1997 年	0.058	0.012	−0.137	0.373
	(2.54)**	(2.48)**	(2.03)**	(3.22)***
1998 年	0.099	0.044	−0.092	0.417
	(2.33)**	(2.42)**	(1.79)*	(3.09)***
1999 年	0.134	0.169	−0.086	0.612

续表

因素	全部贸易	美国	日本	欧洲
	(2.16)**	(1.47)	(1.91)*	(1.69)*
2000年	0.173	0.209	−0.092	0.624
	(1.88)*	(1.21)	(2.17)**	(1.73)*
2001年	0.177	0.220	−0.091	0.601
	(2.36)**	(1.40)	(2.79)***	(2.57)**
2002年	0.219	0.216	−0.020	0.671
	(2.25)**	(1.97)**	(2.43)**	(2.28)**
2003年	0.269	0.284	0.047	0.744
	(1.81)*	(1.16)	(1.84)*	(1.66)*
2004年	0.319	0.323	0.108	0.808
	(1.75)*	(1.45)	(0.50)	(3.37)***
Breusch-Pagan	467.21	438.29	389.45	338.88
	(0.000)	(0.000)	(0.000)	(0.000)
Rho (AR1)	0.9084	0.9104	1.1762	0.9440
Baltagi-Wu LBI①	0.85	0.98	0.89	0.94
Wald Chi2	20.60	40.08	24.86	67.45
	(0.08)	(0.00)	(0.02)	(0.00)
Observations	144	144	144	144
Number of obs	16	16	16	16

① 未进行一阶自回归情况下对面板数据估计值的残差进行的自相关检验。
*、**、*** 分别表示在 10%、5% 和 1% 水平下的显著性检验。

表5 显示性对称比较优势的决定因素（二）(RSCA)
Tab. 5 Determinants of revealed symmetrical comparative advantages (RSCA)

因素	总贸易	美国	日本	欧洲
emiM-relative	−6.777	−11.009	−5.877	−134.407
	(1.02)	(0.38)	(0.09)	(2.35)**
emiM-dynamic	4.094	16.056	29.102	156.996
	(0.55)	(0.54)	(0.41)	(2.56)**
KL-relative	−8.793	−10.537	−5.688	−9.531
	(4.49)***	(4.22)***	(2.49)**	(3.95)***
KL-dynamic	8.156	11.167	6.142	8.655
	(3.84)***	(4.22)***	(2.48)**	(3.30)***
R&D	−0.215	0.853	−0.188	−1.308
	(0.25)	(0.95)	(0.18)	(1.28)
size	0.202	0.023	−0.014	0.272
	(0.95)	(0.10)	(0.05)	(1.03)
tariff	1.532	−0.543	9.032	−2.174
	(0.57)	(0.17)	(2.84)***	(0.66)
1996年	0.114	0.245	−0.129	0.248
	(3.63)***	(4.01)***	(1.66)*	(3.66)***
1997年	0.107	0.180	−0.052	0.201
	(3.82)***	(3.97)***	(2.10)**	(3.69)***

续表

因素	总贸易	美国	日本	欧洲
1998年	−0.016	0.013	−0.122	0.011
	(3.73)***	(3.82)***	(2.07)**	(3.38)***
1999年	−0.075	0.004	−0.189	0.056
	(3.84)***	(4.19)***	(1.95)*	(4.01)***
2000年	−0.159	−0.119	−0.287	−0.072
	(3.92)***	(4.23)***	(1.67)*	(3.99)***
2001年	−0.264	−0.245	−0.358	−0.239
	(3.79)***	(4.25)***	(1.47)	(3.56)***
2002年	−0.376	−0.442	−0.396	−0.352
	(3.72)***	(3.69)***	(1.60)	(3.72)***
2003年	−0.506	−0.590	−0.457	−0.497
	(3.71)***	(4.34)***	(1.68)*	(4.07)***
2004年	−0.656	−0.803	−0.538	−0.698
	(4.84)***	(4.78)***	(3.37)***	(4.19)***
Breusch-Pagan	470.12	476.63	390.43	371.83
	(0.00)	(0.00)	(0.00)	(0.00)
Rho (AR1)	0.90	0.93	0.89	0.91
Baltagi-Wu LBI①	0.86	0.98	1.18	0.94
Wald Chi2	41.66	70.99	33.24	99.45
	(0.00)	(0.00)	(0.00)	(0.00)
Observations	144	144	144	144
Number of obs	16	16	16	16

①未进行一阶自回归情况下对面板数据估计值的残差进行的自相关检验。

*、**、*** 分别表示在10%、5%和1%水平下的显著性检验。

在这两个表中，我们不仅估计了中国全部国际贸易的RSCA值，还分别估计了对美国、日本和欧盟双边贸易的RSCA值。在进行组别估计时，回归分析中分别使用每个区域相应的emiM值。普遍来看，随机效应模型优于固定效应模型。考虑到面板数据包括9年的值，我们还采用调整一阶广义最小二乘法GLS进行分析，将不同的回归方法所得到的结果进行比较，我们发现变量系数比较稳定，因此表4和表5只给出了调整一阶GLS估计结果。

表4显示，总双边贸易以及与三个主要贸易伙伴国的双边贸易的emiM系数一致为负，其中总贸易和与欧洲贸易的emiM系数显著为负。这说明，进口排放强度较低的部门一般具有较强的比较优势。变量K/L的系数更加一致，不论是符号还是显著性。K/L系数的负值意味着，中国的比较优势明显地集中在劳动密集型部门。Antweiler等指出，一个国家的比较优势是PHH和FEH之间力量对比的最终结果[18]。以中国为例，表4的计量结果似乎证实了这样一个事实：要素禀赋优势依然在比较优势中起主导作用，因此中国在世界生产分工上还是明显专业化于较清洁的劳动密集型行业。

关于R&D，除了与美国的双边贸易以外，其他的系数均为负且不显著。这似乎说明对研发活动的投资对于提升中国的比较优势无益,或者说,中国的比较优势不是在技术密集部门。看起来似乎只有美国对中国新兴高科技产业的出口感兴趣。

除了与日本的双边贸易中关税的系数显著为正以外,平均企业规模和从价关税的系数均未得到一致并显著的结果。对与日本双边贸易的关税的正系数的理解是:设置进口关税的做法可以促进或改善中国对贸易对象国日本的行业比较优势。可能的解释是,中国和日本之间存在高度相互依存的关系,这使得关税壁垒成为促进中国某些行业进口替代或扩大出口的有效政策手段。

时间虚拟变量的系数普遍显著,其值呈现逐年下降趋势,正好与中国 RSCA 变化趋势相吻合。图 5 描绘了 16 个制造业部门的 RSCA 值,时间分别为 1996 年和 2004 年。一些以前的主要出口部门的比较优势显著降低,如纺织、服装和皮革制品、橡胶和塑料制品行业。与此同时,随着中国民众生活水平的提高,一些早期进口行业的进口依存度有所扩大,如食品、烟草和饮料、石油化工、焦炭和核能源、化工产品和医药产品。然而,我们同时也观察到其他一些部门的比较优势有所提升(木材和木材制品、其他金属制品、机械及设备,还有电子设备),或者一些行业的比较劣势有小规模的下降(如纸制品、运输设备)。

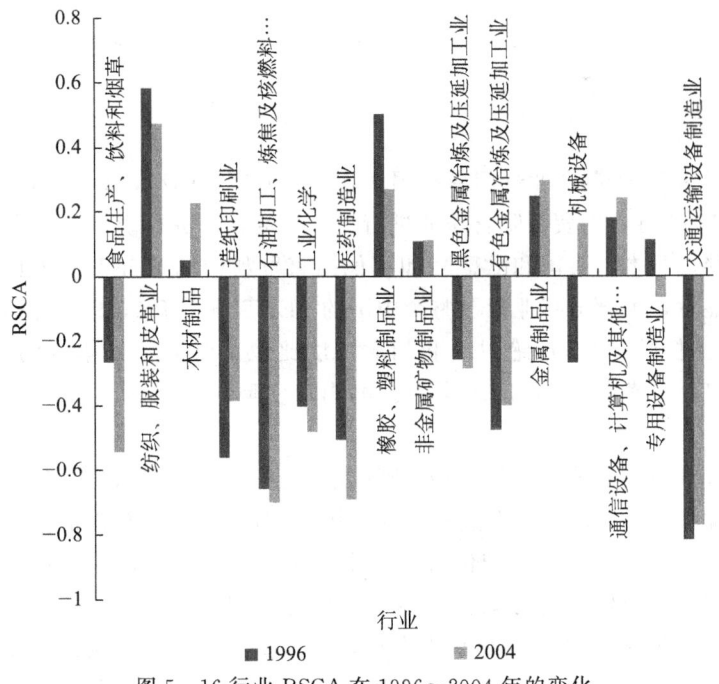

图 5 16 行业 RSCA 在 1996~2004 年的变化

Fig. 5 Evolution of RSCA of the 16 manufacturing sectors between 1996~2004

表5的计量结果将 PHH 和 FEH 变量分为动态变动和水平相对差异两个维度。我们看到这两个维度信息的区分的确有助于提高原模型 * 中解释变量的解释力度,表5的 Wald 检验值显著大于表4的。我们的估计结果表明,水平维度上的 emiM 与 RSCA 的相关系数始终为负,证实了中国在较清洁的劳动密集型行业上的比较优势。动态 emiM 的系数显著为正(至少欧洲组的是这样),这说明 emiM 的动态上升(下降)实际上加强(减弱)了中国制造业部门的比较优势,因此,如果进口隐含排放(emiM)随着时间不断增加,这将强化中国的比较优势。这一发现可以作为支持中国存在"污染避难所"假说的证据。

大多数情况下动态 K/L 的系数在统计上显著为正,这实际上显示了 K/L 测量的另一面。资本密集度比 K/L 已经在过去被广泛应用于环境-贸易关系分析中[65]。解释该正系数的一个共同假设就是,如果 K/L 的水平差异衡量资本劳动相对密集程度,K/L 的动态变化则测量一个部门的技术进步。给定一个部门,如果资本密集度的动态增长实际上测量的是生产技术的进步,就不难理解动态 K/L 拥有正的系数了:不论是资本密集型部门还是劳动密集型部门,生产技术的进步促使比较优势的形成和/或改善。

8 结论

本文通过16个制造业部门单一国家联结投入产出模型,对1996~2004年中国制造业16个行业的贸易隐含排放进行深入研究,首先估算了中国与其三个主要贸易伙伴(日本、美国和欧盟)和其他国家贸易中的 BEET 和 PTT 指标值。研究结果显示,大部分行业以及整个中国的 BEET 值大于0,PTT 值大于1,证实了中国通过国际贸易在绝对值和相对强度比较上都是污染排放的净出口国。然而,$PTT_{avoided}$ 值小于1,这表明中国的出口实际上更多地集中于相对清洁的行业。

第二部分中我们编制了 IO 分析所涵盖期间的行业面板数据,用以估计中国行业比较优势的决定因素。在这一步中,将 IO 分解直接计算出的总进口排放强度和资本密集度作为决定比较优势的两个最重要的因素。这两个决定因素的系数表明中国在污染较小的劳动密集型行业拥有较明显的比较优势。然而,一旦我们将 emiM 和 K/L 进一步分解为水平差异和垂直动态变化两维信息,我们还发现动态 emiM 和动态 K/L 与比较优势指标正相关。以上揭示了这样一个事实:无论是污染密集型还是非污染密集型,在外国污染强度不断上升的行业,在中国反而具有越来越显著的比较优势。我们将这一发现作为证据认为中国存在"污染避难所"效应,尽管其影响目前完全被比较优势要素禀赋所抵消了。对于动态 K/L 与行业比较优势指标之间的正相关,可以理解为技术进步的影响,不论是劳动密集型部门还是资本密集型部门,K/L 增加意味着生产技术效率的提升,从而加强比较优势。

总结本文的研究结果,其中一个重要的结论是,排放净出口国不一定是"污染避难所"。即使是以低污染行业出口为主的国家也可能有正的 BEET。这是因为 BEET 是贸易顺差和贸易环境条件综合的最终结果。中国之所以贸易隐含排放顺差,其基本原因是相对于其他贸易伙伴国,中国那些污染程度较低的行业的排放强度很高。我们还发现,迄今为止,要素禀赋假说依然在国家生产分工中占主导地位,"污染避难所"假说的影响很小。

参 考 文 献

[1] Oliveira-Martins J, Burniaux J M, Martin J P. Trade and the effectiveness of unilateral CO_2-abatement policies: evidence from GREEN. OECD Economic Studies, 1992, 19: 123~140.

[2] Perroni C, Rutherford T F. International trade in carbon emission right and bacis materials: general equilibrium calculations for 2020. Scandinavian Journal of Economics, 1993, 95 (3): 257-278.

[3] Wyckoff A W, Roop J M. The embodiment of carbon in imports of manufactured products * 1. Implications for international agreements on greenhouse gas emission. Energy Policy, 1994, 22: 197-194.

[4] Peterts G P, Hertwich E G. CO_2 embodied in international trade with implications for global climate policy. Environmental Science & Technology, 2008, 42 (5): 1401-1407.

[5] Peters G P, Hertwich E G. Pollution embodied in trade: the Norwegian case. Global Environmental Change, 2006, 16: 379-387.

[6] Shui B, Harriss R C. The role of Coe embodiment in US-China trade. Energy Policy, 2006, 34: 4036-4068.

[7] Pethig R. Pollution, welfare, and environmental policy in the theory of comparative advantage. Journal of Environmental Economics and Management, 1976, 2: 160-169.

[8] Chichilnisky G. North-South trade, property rights and the dynamics of environmental resources. Munich: University Library of Munich, 1994.

[9] Copeland B, Taylor M S. North-south trade and the environment. The Quarterly Journal of Economics, 1994, 109 (3): 755-787.

[10] Robison H D. Industrial pollution abatement: the impact on balance of trade. Canadian Journal of Economics, 1988, 21 (1): 187-199.

[11] Low P, Yeats A. Do "dirty" industries migrate. //Low P. International Trade and the Environment World Bank Disscussion Paper No. 159. Washington D C: World Bank, 1992.

[12] Hettige H, Lucas R E B, Wheeler D. The toxic intensity of industrial production: global patterns, trends, and trade policy. American Economic Review, 1992, 82 (2): 478-481.

[13] Birdsall N, Wheeler D. Trade policy and industrial pollution in Latin America: where are the pollution havens. Journal of Environment & Development, 1993, 2 (1): 137-147.

[14] Suri V, Chapman D. Economic growth, trade and energy: implications for the environmental Kuznets curve. Ecological Economics, 1998, 25 (2): 195-208.

[15] Xing Y, Kolstad C D. Do lax environmental regulations attract foreign investment. Environmental and Resource Economics, 2002, 22: 1-22.

[16] Friedl B, Getzner M. Determinants of CO_2 emissions in a small open economy. Ecological Economics, 2003, 45: 133-148.

[17] Cole M A. Trade, the pollution haven hypothesis and the environmental Kuznets curve: examining the linkages. Ecological Economics, 2004, 48 (1): 71-81.

[18] Antweiler W, Copeland B R, Taylor M S. Is free trade good for the environment. American Economic Review, 2001, 91 (4): 877-908.

[19] Bartik T J. Business location decision in United States: estimates of the effects of unionization, taxes, and other characteristics of states. Journal of Business Economy Statistics, 1985, 3 (1): 14-22.

[20] Antweiler W, The pollution terms of trade. Economic Systerms Research, 1996, 8 (4): 361-365.

[21] Bartik T J. The effects of environmental regulation on business location in the United States. Growth Change, 1988, 19 (3): 22-44.

[22] Bartik T J. Small business start-ups in the United States: estimates of effects of characteristics of states. Southern Economic Journal, 1989, 55 (4): 1004-1018.

[23] Leonard H J. Pollution and Struggle for The World Product. Cambridge: Cambridge University Press, 1988: 272.

[24] Friedman J, Gerlowski D A, Silberman J. What attracts foreign multinational corporations? Evidence from branch plant location in the United States. Journal of Regional Science, 1992, 32 (4): 403-418.

[25] Levinson A. Environmental regulations and manufacturers'location choices: evidence from the census of manufacturers. Journal of Public Economics, 1996, 62 (1): 5-29.

[26] Wheeler D. Racing to the bottom. Foreign investment air pollution in development countries. Policy research working paper, 2524. Washington D C: World Bank, 2001.

[27] Tobey J A. The effect of domestic environmental policies on patterns of world trade: an empirical test. Kyklos, 1990, 43: 191-209.

[28] Jaffe A B, Peterson S R, Portney P N, et al. Environmental regulation and the competitiveness of U S manufacturing: what does the evidence tell U S. Journal of

Economic Literature，1995，XXXIII：132-163.

[29] Janicke M，Binder M，Monch H. Dirty industries：patterns of change in industrial countries. Environmental and Resource Economics，1997，9（4）：467-491.

[30] van Beers C，van den Bergh J C J M. An empirical multi-country analysis of the impact of environmental regulations on foreign trade flows. Kyklos，Wiley Blackwell，1997，50（1）：29-46.

[31] Grether J-M，Mathys N，de Melo J. A gravity analysis of the pollution content of trade. Working Paper，2005.

[32] Gale L R，Mendez J A. The empirical relationship between trade，growth and the environment. International Review of Economics and Finance，1998，7（1）：53-61.

[33] Shafik N，Bandyopadhyays. Economic growth and environmental quality：time series and cross-country evidence. World Bank Policy Research Working Paper，WPS 904，Washington D C：World Bank，1992.

[34] Grossman G，Krueger A. Environmental impacts of a North American free trade agreement. NBER，Working Paper No. 3914，Cambridge，M A，1991.

[35] Wheeler D，Mody A. International investment location decisions：the case of U.S. firms. Journal of International Economics，1992，33：57-76.

[36] Copeland B，Taylor M S. A simple model of trade，capital mobility and the environment. NBER，No. 5898，Cambridge，M A，1997：304.

[37] Xu X，Song L. Regional cooperation and the environment：do "dirty" industries migrate. Weltwirtschaftliches Archiv，2000，136（1）：137-157.

[38] Fieleke N S. The energy trade：the United States in deficit. New England Economic Review，1975，(5-6)：25-34.

[39] Kondo Y，Moriguchi Y，Shimizu H. CO_2 emissions in Japan：influences of imports and exports. Applied Energy，1998，59（2-3）：163-174.

[40] Lenzen M. Primary energy and greenhouse gases embodied in Australian final consumption：an input-output analysis. Energy Policy，1998，26（6）：495-506.

[41] Munksgaard J，Pedersen K A，Wier M. Impact of household consumption on CO_2 emissions. Energy Economics，2000，22：423-440.

[42] Machado G，Schaeffer R，Worrell E. Energy and carbon embodied in the international trade of Brazil：an input-output approach. Ecological Economics，2001，39：409-424.

[43] Lenzen M，Pade L-L，Munksgaard J. CO_2 multipliers in multi-region input-output models. Economic Systems Research，2004，16：391-412.

[44] Hayami H，Nakamura M. Greenhouse gas emissions in Canada and Japan：Sector-Specific estimates and managerial and economic implications. Journal of Environmental Management，2007，85（2）：371-392.

[45] Hayami H，Nakurama M. Greenhouse gas emissions in Canada and Japan：Sector-specific estimates and managerial and economic implications. Journal of Environmental

Management, 2007, 85: 371-392.

[46] Aukerman F, Ishikawa M, Suga M. The carbon content of Japan-US trade. Energy Policy, 2007, 35: 4455-4462.

[47] Norman J, Charpentier A D, MacLean H L. Economic input-output life-cycle assessment of trade between Canada and the United States. Environmental Science & Technology, 2007, 41 (5): 1523-1532.

[48] Liu X, Ishikawa M, Wang C, et al. Analyses of CO_2 emissions embodied in Japan-China trade. Energy Policy, 2010, 38: 1510-1518.

[49] Weber C L, Peters G P, Guan D, et al. The contribution of Chinese exports to climate change. Energy Policy, 2008, 36: 3572-3577.

[50] Li H, Zhang P D, He C, et al. Evaluating the effects of embodied energy in international trade on ecological footprint in China. Ecological Econoimcs, 2007, 62: 136-148.

[51] Pan J, Phillips J, Chen Y. China's balance of emissions embodied in trade: approaches to measurement and allocating international responsibility. Oxford Review of Economic Policy, 2008, 24 (2): 354-376.

[52] Temurshoev U. Polluiton haven hypothesis or factor endowment hypothesis: theory and empirical examination for the US and China. CERGE-EI Working Paper Series (ISSN 1211-3298) No. 292, 2006.

[53] Li Y, Hewitt C N. The effect of trade between China and UK on national and global carbon dioxide emissions. Energy Policy, 2008, 36: 1907-1914.

[54] Reinvang R, Peter G. Norwegian consumption, Chinese pollution: an example of how OECD imports generate CO_2 emissions in developing countries. Oslo and Trondheim: WWF Norway and Norwegian University of Science and Technology, 2008.

[55] Milner C, Xu F. On the pollution content of China's trade: clearing the air. Research Paper 2009/19, Research Paper Series: China and the World Economy, University of Nottingham, 2009.

[56] Leontief W W, Ford D. Air pollution and the economic structure: empirical results of input-output computations//Brody A, Carter A P. Input-Output Techniques. Amsterdam-London: North-Holland Publishing, 1972: 9-30.

[57] Leontief W W. Environmental repercussions and the economic structure: an input-output approach. The Review of Economics and Statistics, 1970, 52: 262-271.

[58] Miller R E, Blair P D. Input-Output Analysis: Foundations and Extensions. Englewood Cliffs, London: Prentice-Hall, 1985: 464.

[59] IPCC. Guidelines for national greenhouse gas inventories: workbook (revised). Bracknell, UNEP, IEA, IPCC, 1996.

[60] Laursen K. Revealed comparative advantage and the alternatives as measures of international specialization. DRUID Working Paper, No. 98-30. Danish Research Unit for Industrial Dynamics, 1998.

[61] Balassa B. Trade liberalization and "revealed" comparative advantage. Manchester School of Economic and Social Studies, 1965, 32: 99-123.

[62] Balassa B. The changing pattern of comparative advantage in manufactured goods. The Review of Economic and Statistics, 1979, 61 (2): 259-266.

[63] Balassa B. Comparative advantage in manufactured goods: a reappraisal. The Review of Economics and Statistics, 1986, 68 (2): 315-319.

[64] Cole M A, Elliott R J R. Determining the trade-environment composition effect: the role of capital, labor and environmental regulations. Journal of Environmental Economics and Management, 2003, 46 (3): 363-383.

[65] He J. What is the role of openness for China's environment? an analysis based on Divisia decomposition method from the regional angle. Ecological Economics, 2010, 60 (4): 868-886.

中国工业温室气体排放特征与影响因素研究[①]

□ 魏　楚[②]　余冬筠
（浙江理工大学经济管理学院）

摘要：中国工业部门是温室气体排放的重要来源，为客观识别出工业温室气体排放的特征和主要影响因素，本文选择了33个工业部门为研究对象，分别估计了1996~2009年化石能源相关的CO_2排放量，并基于对数平均迪氏分解法进行了分解。结论表明：我国工业温室气体年均增加5.3%，其中金属制品、非金属制品和化工业是工业温室气体排放的主要来源；工业部门生产规模的扩张是推动工业温室气体排放的主要动力，而且其效应在逐渐增加，部门能源效率的改善在2005年之后对CO_2的减缓效应在逐渐加强，产业结构调整对温室气体的抑制效应在2000年之前和2005年之后较为显著，此外，能源结构的相对贡献较小且存在部门间的差异性。

关键词：工业部门　温室气体　排放特征　影响因素

Characteristics and Determinants of China's Industrial Greenhouse Gas Emission

Wei Chu

Abstract：Industrial sector is a major source for China's Greenhouse gas (GHG) emission. To investigate the general characteristics and driving forces, the fossil-fuel related CO_2 emissions are estimated for 33 industrial sectors during 1996-2009. The Logarithmic Mean Divisia Index approach is employed to decompose

---

[①] 感谢国家社会科学基金（项目号：10CJY002）、教育部人文社会科学基金项目（项目号：09YJC790246）、浙江省钱江人才计划（项目号：QJC0902010）以及浙江省之江青年社科学者计划（项目号：11ZJQN068YB）的支持。

[②] 魏楚，通信地址：浙江杭州下沙高教园，浙江理工大学经济管理学院；邮编：310018；电话：0571-86843728；邮箱：xiaochu1979@gmail.com。

the change of CO_2 and identify the determinants. The results show that, the annual growth of CO_2 in the industrial sector is 5.3%, which mainly result from metal, non-metal and chemical sectors. The expanding of industrial output contribute most to the increase of CO_2, while the energy intensity effect and industrial restructuring effect are two effective channels to mitigate the CO_2 emission.

Key words: Industrial sector　GHG　Emission characteristics　Determinants

1　前言

中国目前已成为温室气体排放量最大的国家，2007年世界资源研究所（World Resource Institute，WRI）的数据显示，在我国所有化石能源活动排放的60.28亿吨CO_2中，电力与热力部门贡献了48.5%，制造业和建筑业的排放比重为28.2%[1]。可以看出，我国的工业部门已成为温室气体排放的重要来源。未来为了减缓和适应气候变化带来的影响，我国应该积极调整国民经济中的产业结构，为此，需要客观评价工业内部各部门的CO_2排放水平，并在此基础上识别出CO_2排放的主要影响因素，从而为科学制定相应的气候政策提供依据。

对中国温室气体排放的研究主要关注于国家层面[2~7]和产业部门层面[8~11]，其研究方法主要采用基于KAYA等式的因素分解法，其中又包括基于投入产出表的结构分解法（SDA）[12]和基于非加总技术的指数分解分析（index decomposition analysis，IDA）[6,7,11,13]两种。前者可以区别出直接、间接能源需求，并可以区别技术效应和结构效应的范围，后者则可以适用于任何层面的加总数据或者时间序列数据。在具体实践和应用中，IDA方法相对SDA更为广泛，主要包括拉氏（Laspeyres）指数和迪氏（Divisia）指数两种，其中对数平均迪氏指数由于具有路径独立、无残差、可以处理零值、加总一致等特征，相对其他分解法更优[14]。

本文将聚焦于工业部门，具体来说，是以采矿业、制造业的33个部门为研究对象，根据其化石能源终端消费量估计出各部门在1996~2009年的CO_2排放量，并基于对数平均迪氏分解法对CO_2的变化进行分解，从而识别出工业内部各部门排放的规律、CO_2排放的影响因素以及需要重点关注的部门。本文结构安排如下：第二部分介绍基于KAYA恒等式的对数平均迪氏分解法和数据构造，第三部分描述工业部门的经济增长、能源消费及CO_2排放特征，第四部分讨论分解结果，最后是结论部分。

2 模型与数据构建

2.1 模型与方法

KAYA 恒等式是日本学者 Kaya 在 IPCC 的研讨会上提出的,通常用于国家层面上的 CO_2 排放量变化的驱动力因子分析。表达式如下[15]:

$$C = \frac{C}{E} \cdot \frac{E}{Y} \cdot \frac{Y}{P} \cdot P \tag{1}$$

式中,C 为各种类型化石能源消费导致的 CO_2 排放总量;E 为各种类型化石能源消费的总量;Y 为 GDP 总量;P 为人口总数。根据我们的研究目的和数据类型,对式(1)进行扩展,可以得到:

$$\begin{aligned} C &= \sum_{i,j} C_{i,j} = \sum_{i,j} Y \cdot \frac{Y_i}{Y} \cdot \frac{E_i}{Y_i} \cdot \frac{E_{i,j}}{E_i} \cdot \frac{C_{i,j}}{E_{i,j}} \\ &= \sum_{i,j} Y \cdot S_i \cdot I_i \cdot f_{i,j} \cdot CC_{i,j} \end{aligned} \tag{2}$$

式中,$C_{i,j}$ 为第 i 个部门在消费第 j 种化石能源时所导致的 CO_2 排放;Y 为所有部门的产出总和,Y_i 为第 i 个部门的产出水平;E_i 为第 i 个部门消费的化石能源总量,$E_{i,j}$ 为第 i 个部门消费的第 j 种能源量;S_i 为部门 i 占总产出的比重,用于衡量产业结构,$S_i = Y_i/Y$;I_i 为部门 i 的能源消费强度,用于刻画部门的能源效率,$I_i = E_i/Y_i$;$f_{i,j}$ 为在部门 i 中,能源品 j 的消费比重,用来刻画部门的能源结构,$f_{i,j} = E_{i,j}/E_i$;$CC_{i,j}$ 为在部门 i 中,第 j 种能源排放的 CO_2 量,用来刻画不同能源品的碳排放结构,$CC_{i,j} = C_{i,j}/E_{i,j}$。

采用对数平均迪氏分解法思路,模型(2)中的碳排放量在基期 $t=0$ 和当期 $t=T$ 发生的变化可以计为

$$\begin{aligned} \Delta C_{tot} &= C_T - C_0 = Y_T \cdot S_{iT} \cdot I_{i,j} f_{i,j T} \cdot CC_{ijT} - Y_0 \cdot S_{i,0} \cdot I_{i,0} \cdot f_{i,j0} \cdot CC_{ij0} \\ &= \Delta C_Y + \Delta C_{str} + \Delta C_{int} + \Delta C_{fuel} + \Delta C_{coef} \end{aligned} \tag{3}$$

也即在时期 $0 \sim T$,CO_2 排放量的变化可分解为五部分:产出规模效应(ΔC_Y)、产业结构效应(ΔC_{str})、部门能耗强度效应(ΔC_{int})、能源结构效应(ΔC_{fuel})和能源碳排放系数效应(ΔC_{coef})。其中,ΔC_Y、ΔC_{str}、ΔC_{int}、ΔC_{fuel}、ΔC_{coef} 分别可通过下式计算:

$$\Delta C_Y = \sum_{i,j} L(C_{i,j,T}, C_{i,j,0}) \times \ln\left(\frac{Y_{i,T}}{Y_{i,0}}\right) \tag{4}$$

$$\Delta C_{\text{str}} = \sum_{i,j} L(C_{i,j,T}, C_{i,j,0}) \times \ln\left(\frac{S_{i,T}}{S_{i,0}}\right) \tag{5}$$

$$\Delta C_{\text{int}} = \sum_{i,j} L(C_{i,j,T}, C_{i,j,0}) \times \ln\left(\frac{I_{i,T}}{I_{i,0}}\right) \tag{6}$$

$$\Delta C_{\text{fuel}} = \sum_{i,j} L(C_{i,j,T}, C_{i,j,0}) \times \ln\left(\frac{f_{i,T}}{f_{i,0}}\right) \tag{7}$$

$$\Delta C_{\text{coef}} = \sum_{i,j} L(C_{i,j,T}, C_{i,j,0}) \times \ln\left(\frac{CC_{i,T}}{CC_{i,0}}\right) \tag{8}$$

其中，$L(C_{i,j,T}, C_{i,j,0})$ 定义为从基期（$t=0$）到第 T 年间 CO_2 排放量的对数平均数，即

$$L(C_{i,j,T}, C_{i,j,0}) = (C_{i,j,T} - C_{i,j,0}) / \ln\left(\frac{C_{i,j,T}}{C_{i,j,0}}\right) \tag{9}$$

2.2 变量构造与数据

对中国工业部门 CO_2 排放量的估计主要基于各部门的终端化石能源消费量，有些部门在工业生产工程中也会有非化石能源相关的温室气体排放，如水泥、石灰、钢铁、电石生产过程的 CO_2 排放。此外，一些能源活动也会产生非燃烧性温室气体，如煤炭开采和矿后活动的甲烷排放、石油和天然气系统的甲烷逃逸排放等。由于现有的统计系统中缺乏详尽数据，因此无法对这部分排放量进行精确估计，此处估算的温室气体主要是化石能源燃烧消费过程中所产生的 CO_2。各部门的化石能源终端消费数据来源于《中国能源统计年鉴》中的"工业分行业终端能源消费量"报表，其涵盖了工业39个部门20种能源品终端消费数量。本文主要考察其中的采矿业（5个部门）和制造业（28个部门），没有选择电力、煤气及水生产和供应业有以下几个原因：首先，电力和热力部门产生的温室气体有两部分，一是将煤炭、石油等一次能源转换为二次能源过程中排放的温室气体，二是其部门本身在生产经营过程中消费化石能源所排放的温室气体，按照逻辑，应该将能源转化部分的温室气体计入该部门。其次，国际其他研究机构在采用部门法估计温室气体排放时，往往将其单独作为一个排放源进行计算，因此将其排除在工业生产部门以外，重点考察其他非能源性生产行业同温室气体之间的联系。此外，由于工业部门用能更加详细，为了细致分析不同能源品的消费与排放特征，本文将所有化石能源划分为四类，煤炭类、焦炭类、石油类和天然气类。分别将不同能源品折算为标准能源，并估计出化石能源相关的 CO_2 排放量。其中，化石能源消费相关的温室气体排放量测算主要参

照了《中国气候变化初始国家信息通报》中有关温室气体清单的编制方法、IPCC公布的不同化石能源消费的温室气体排放系数以及《中国能源统计年鉴》公布的我国不同化石能源的低位发热量。不同的能源品分类标准、折标系数及CO_2排放系数参见附表1。

所有工业部门的经济产出数据参考了历年《中国统计年鉴》和中国经济网（以下简称"中经网"）数据库，其统计口径为"全部国有及规模以上非国有工业企业工业总产值"，其中2004年缺失数据可以从《第一次经济普查年鉴》中获取。在统计年鉴中没有公布详细的分部门的总产出平减指数，我们参考了中经网数据库的"分行业工业品出厂价格指数"，其中包括了诸如冶金工业、煤炭工业、化学工业等大类工业的出厂价格指数，基于该信息对历年工业总产出进行价格平减，最后得到了所有工业部门基于2005年不变价格的产出值。

需要注意的是，由于2003年国家统计局采用了新的工业行业分类标准，因此，部分工业部门如"其他采矿业"、"工艺品及其他制造业"、"废弃资源和废旧材料回收价工业"缺失2003年之前的数据，考虑到上述三个部门在2003年所占工业经济比重和排放CO_2比重皆不足0.9%，对整个工业产出、能源消费和排放影响较小，因此将这三个部门排除，最终确定了5个采掘业部门和28个制造业部门，并参照相关文献将工业部门划分为10个大类行业[16]，最终选择的33个工业部门和所属大类划分标准可参见附表2，研究时段为1996～2009年，共14年。

3 我国工业部门主要特征

3.1 我国工业部门生产结构特征

1996年10个产业33个工业部门加总的工业总产值为60 225亿元，2009年增加至479 495亿元，年均增速17.3%。我们首先基于10个工业大类绘制了各工业行业在1996～2009年的工业总产值走势，如图1所示。可以看出，大多数行业从2002年开始进入了加速增长期，其中尤以设备机械仪表业和冶金与金属制品业增长速度最为显著，此外，化工业、纺织业以及食品和饮料业也增长迅速。

图2描述了1996～2009年工业经济中不同部门的相对比重和分布，显然，机械设备制造业、冶金与金属制品业、化工业等重工业所占工业经济比重相对较高，这三个行业所占工业经济比重达到了58%以上，而轻工业，如食品业、纺织业等则相对规模较小。具体到33个部门，在1996～2009年，其部门占工业

图 1 1996～2009 年我国工业行业总产值（2005 年不变价格）

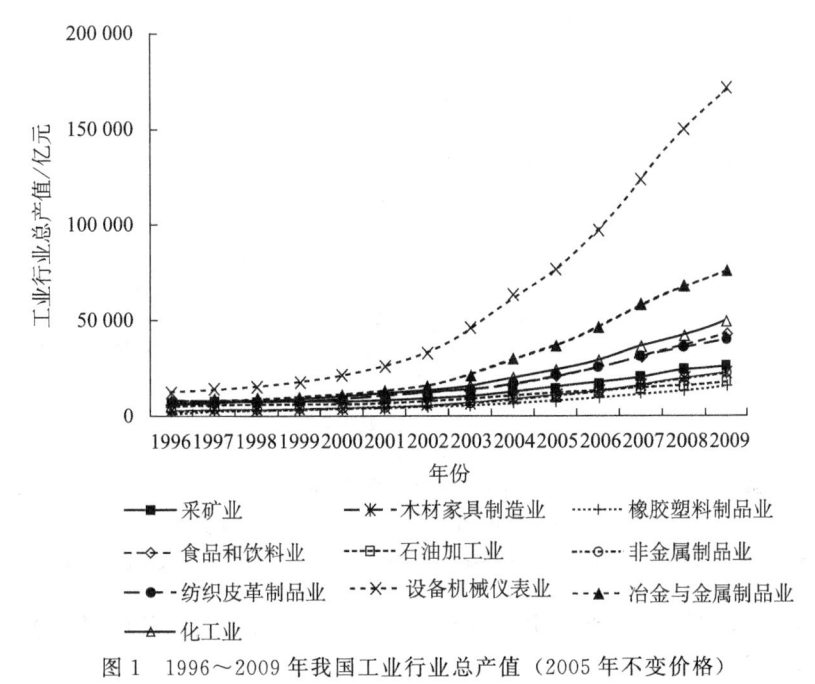

Fig. 1 Output value of Chinese industry between 1996 and 2009（2005 price）

累计生产总值前 5 位的分别是：通信设备、计算机及其他电子设备制造业（9.96%），黑色金属冶炼及压延加工业（8.39%），交通运输设备制造业（7.33%），化学原料及化学制品制造业（7.32%）和电气机械及器材制造业（6.22%）。其他部门工业生产总值及所占比重可参见附表 2。

3.2 我国工业部门能源消费特征

我国工业部门在 1996 年共计消费化石能源 53 450 万 t 标准煤，2009 年增加至 108 680 万 t 标准煤，化石能源消费量的年均增幅为 5.6%，远低于工业总产值增速。图 3 反映了 10 个工业行业的化石能源消费情况。从时间趋势上看，大多数工业行业在 2002 年之前能源消费较为稳定，部分行业，如化工业，在该时期甚至出现了轻微下降，但到了 2002 年之后，部分行业耗能出现了大幅攀升，其中又以冶金与金属制品业、非冶金与金属制品业、化工业最为显著。从部门分布来看，冶金与金属制品业化石能源消费比重最高，从 1996 年的 27% 上升至 2009 年整个工业化石能源消费的 40%；从全时期累计化石能源消费比重来看，排名前五位的部门有：黑色金属冶炼及压延加工业（31.2%），非金属矿物制品业（18.1%），化学原料及化学制品制造业（16.4%），石油加工、炼焦及核燃

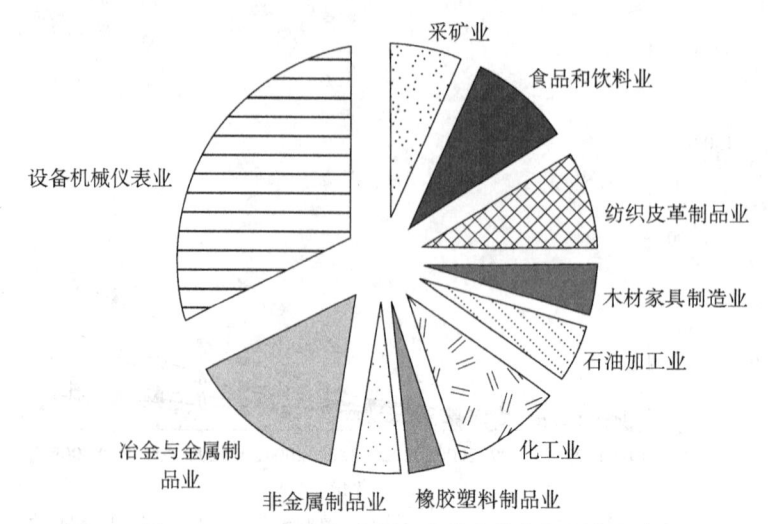

图 2 1996~2009 年我国工业总产值的行业分布

Fig. 2 Sector distribution of Chinese industrial output value between 1996 and 2009

料加工业（8.9%）和"煤炭开采和洗选业"（4.3%）。其他部门累计能源消费及所占比重可参见附表3。

图 3 1996~2009 年我国工业行业化石能源消费走势

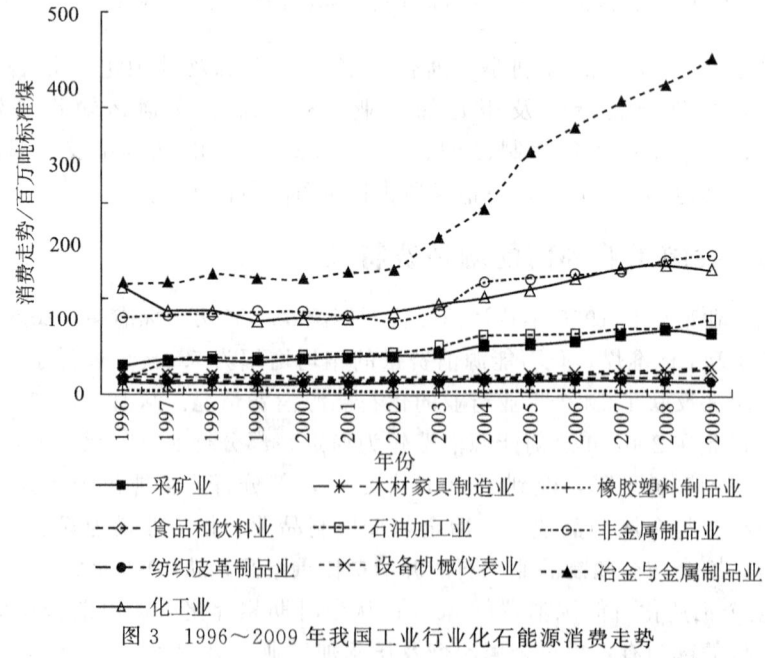

Fig. 3 Fossil-fuel consumption trend in Chinese industry between 1996 and 2009

图4是不同工业行业的累计化石能源消费中不同燃料消费的相对比重（不包括电力、热力等二次能源），可以看出，大多数行业仍以煤炭类能源为主，如食品和饮料业、纺织皮革制品业、木材家具制造业、非金属制品业等行业的煤炭消费比重超过了80%；冶金与金属制品业主要消耗焦炭类燃料，石油类燃料主要应用于石油加工业、化工业、橡胶塑料制品业和设备机械仪表业；此外，化工业、采矿业和设备机械仪表业的天然气消费也占一定比重。

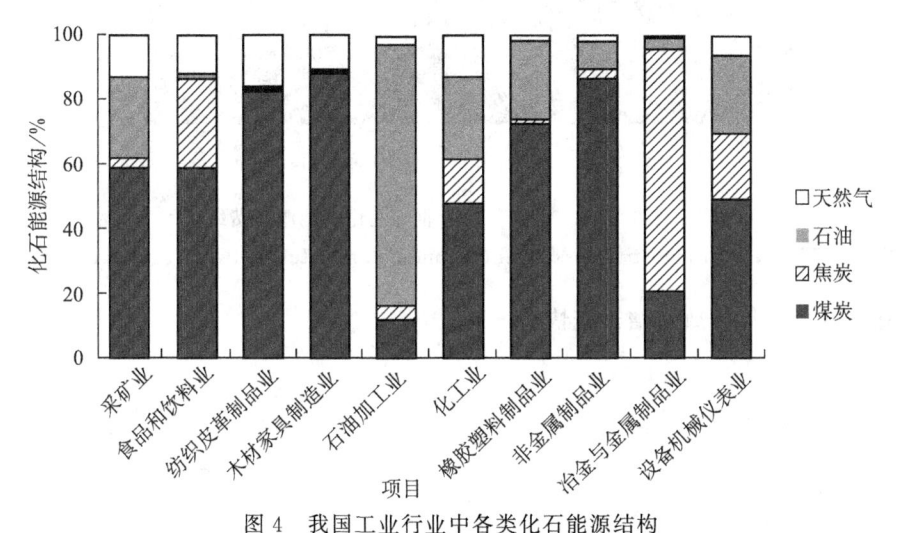

图4 我国工业行业中各类化石能源结构

Fig. 4 Fossil-fuel consumption structure in Chinese industrial sectors

图5是我国工业行业化石能源消费中的消费结构走势，可以看出，煤炭类燃料在所有化石能源消费中的比重在逐渐下降，从1996年占所有化石燃料的55%下降到2009年的41%，但是在2002~2005年煤炭比重有所反弹；焦炭类燃料的消费比重在逐渐增加，这主要是由于以焦炭消费为主的冶金与金属制品业生产规模一直在扩张；石油类燃料的消费比重在2002年之前有所上升，但在2002~2005年逐渐萎缩，直到2005年之后才逐渐保持稳定；天然气的消费比重变化不大，保持在3%~5%。

3.3 我国工业部门温室气体排放特征

1996年我国工业部门由于化石能源消费所产生的CO_2排放为140 500万t，到2009年排放量增加到276 000万t，年均增加5.3%。图6首先描述了我国10个工业行业的CO_2排放量排放走势。可以看出，各行业的温室气体排放趋势与化石能源消费走势非常一致。2002年大多数工业行业排放量开始迅速攀升，其中又以冶金与金属制品业最为显著，化工业、非金属制品业、采矿业和石油加

图 5　1996～2009 年我国工业行业化石能源消费结构

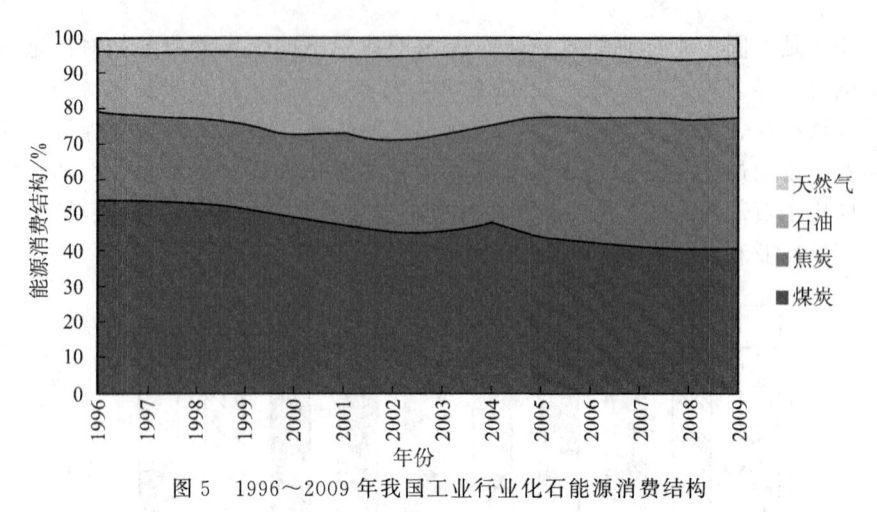

Fig. 5　Trend of industrial fossil-fuel consumption structure between 1996 and 2009

工业的温室气体排放也增长较快。

图 6　1996～2009 年我国工业行业 CO_2 排放量

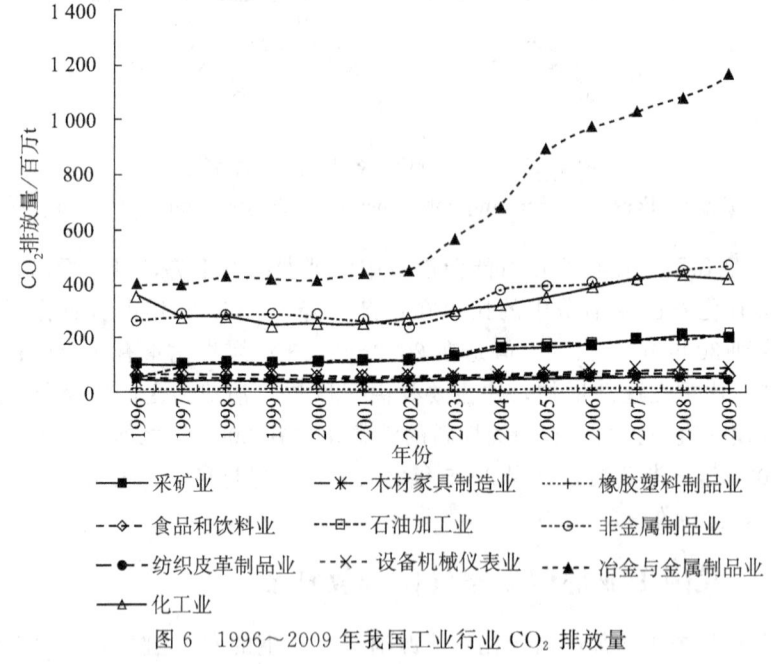

Fig. 6　Aggregate industrial CO_2 emission between 1996 and 2009

图 7 展示了我国工业 CO_2 排放的行业分布。可以发现，冶金与金属制品业、非金属制品业和化工业是工业温室气体排放的主要来源，这三个行业排放的

CO_2 占整个工业温室气体排放的 71%，此外，石油加工业和采矿业的排放比重也较高。按部门比较，比重最高的前五位分别是：黑色金属冶炼及压延加工业（32.9%），非金属矿物制品业（18%），化学原料及化学制品制造业（16%），石油加工、炼焦及核燃料加工业（7.7%）和煤炭开采及洗选业（4.5%）。其他部门累计 CO_2 排放量及所占比重可参见附表3。

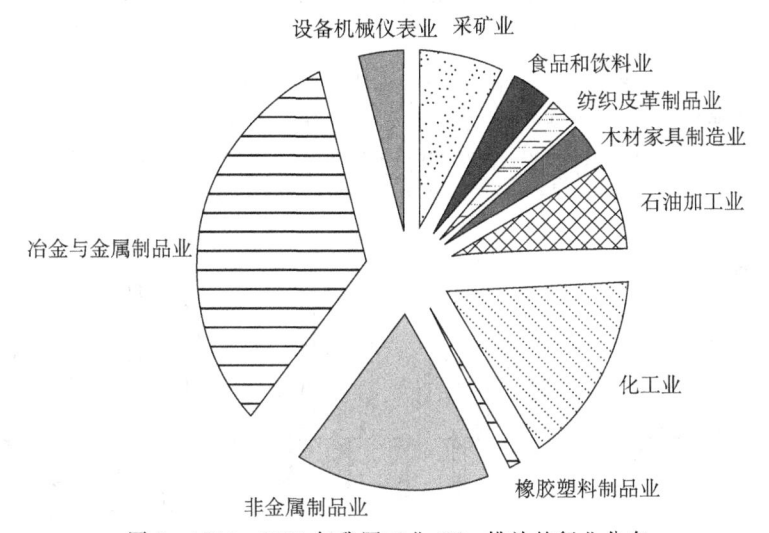

图 7　1996～2009 年我国工业 CO_2 排放的行业分布

Fig. 7　Sector composition of Chinese industrial CO_2 between 1996 and 2009

4　我国工业 CO_2 排放分解

我国工业 33 个部门在研究期内产出呈现持续增长态势，相较1996年、2009年工业总产值增长了近7倍，而同期化石能源消费和 CO_2 排放量仅增加了1倍左右。其中，1997年、1999年、2000年出现过排放量相比前一年下降的现象，其他时间均有一定增长，到2009年排放总量为 276 000 万 t，如图8所示。

我国工业经济以较少的能源消费和 CO_2 排放获得了高速的产出，其驱动力何在？为了识别出其背后的影响机制，将我国 1996～2009 年 33 个工业部门的 CO_2 排放逐年分解为产出规模效应（Y）、产业结构效应（S）、能耗强度效应（I）、能源消费结构效应（f）和能源品碳排放系数效应（CC），各种因素对 CO_2 变动的绝对贡献量如图9所示。

从分解后的各影响因素来看，产出规模效应是最主要的正向影响因素，

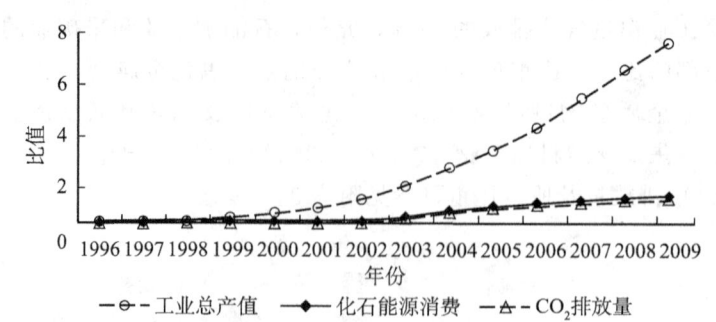

图 8 我国工业总产值、化石能源消费及 CO_2 排放走势（1996～2009 年，1996 年化为单位 1）

Fig. 8 Trend of industrial output, fossil-fuel consumption and CO_2 between 1996 and 2009 (1996＝1)

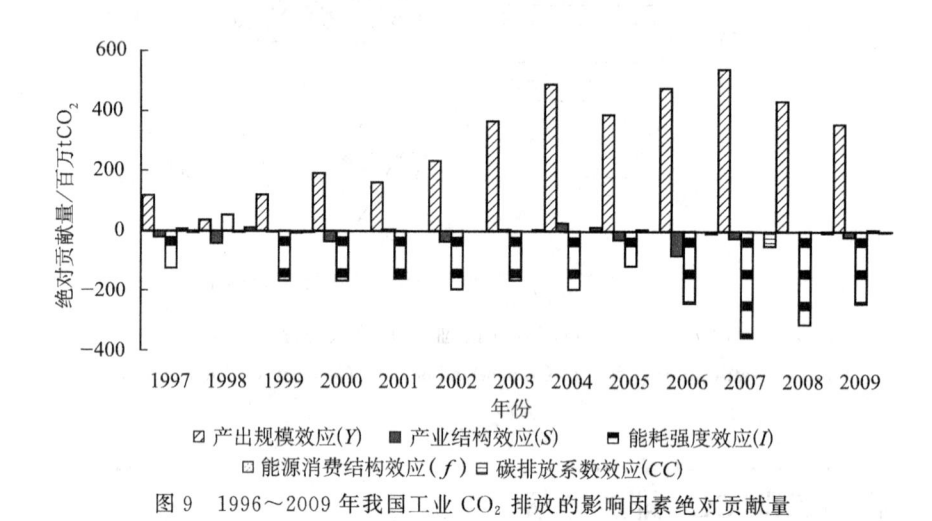

图 9 1996～2009 年我国工业 CO_2 排放的影响因素绝对贡献量

Fig. 9 Contribution of industrial CO_2 between 1996 and 2009

即产出规模的扩大导致了 CO_2 排放量的增加。产业结构效应对碳排放的贡献在大多数年份均为负值，表明产业结构的变化同 CO_2 的变动方向是相反的，即产业结构是抑制温室气体排放增长的动力之一；能耗强度效应与碳排放的变动也是负相关的，而且能耗强度效应导致的 CO_2 减少量较大，成为减缓 CO_2 排放的主要因素，但需要关注的是，在 1998 年能耗强度效应为正值，这表明当年能源效率出现了恶化情况，反而助推了 CO_2 的排放。此外，能源消费结构效应和每种能源品的碳排放系数效应也能在一定程度上减缓 CO_2 的排放，但其绝对贡献量较小。如果仅考虑 1996 年和 2009 年始末两年，那么整个工业增加的 CO_2 排放中，产出规模效应的相对贡献率为 299％，是导致工业 CO_2 排放增加的唯一正向因素，而工业内部结构的调整、能耗强度的下降、能源结构的改善和低碳能源的使用都减缓了 CO_2 排放，其相对贡献率依次为 -8.97%、-186.3%、-0.7% 和 -3.1%。从相对贡献率大小来看，能源效率的改善和产业结构的调整是控制工业 CO_2 排放的两个主要途径。

从此前的分析得知，2003 年大部分工业部门的化石能源消耗量和 CO_2 排放都出现了显著增加，而 2005 年国家开始实施节能减排战略，为了了解不同时期工业各部门排放的区别以及检验在关键年份排放模式是否有显著变化，我们将研究期限划分为四个时期：1996～2000 年、2000～2003 年、2003～2005 年、2005～2009 年。按不同时期进行分解的结果如图 10 所示。

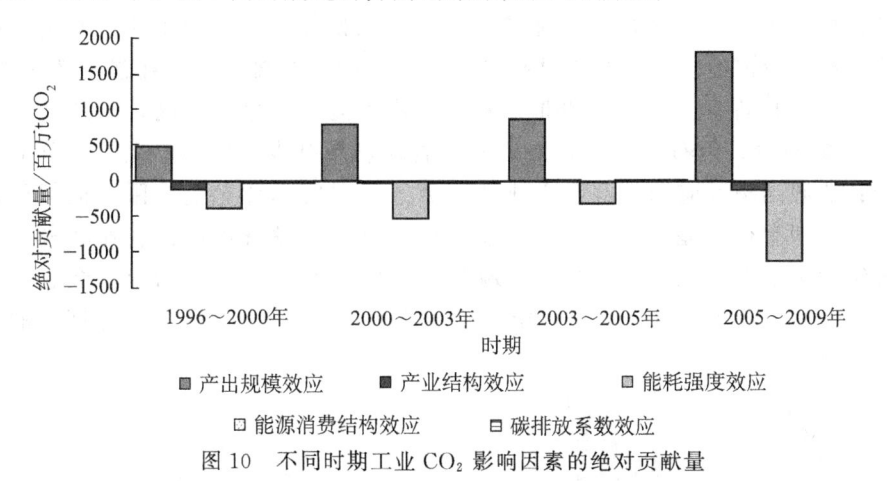

图 10　不同时期工业 CO_2 影响因素的绝对贡献量

Fig. 10　Contribution of industrial CO_2 in different stages

从图 10 可以看出，产出规模效应在逐渐变大，持续推动着 CO_2 的增加，产业结构效应在 2000 年之前和 2005 年之后较为显著，但是在 2000～2005 年起的作用很小，表明这一时期工业部门间的结构调整并没有朝着"低碳化"方向发展，甚至在 2003～2005 年产业结构效应绝对贡献为正，表明这一时期工业部门结构有重型化、高排放的特征，不仅没有减缓温室气体，反而发展了更多的高排放型部门，促成了 CO_2 的增加；能耗强度效应在不同时期均有效削减了温室气体，但在 2003～2005 年重化工业抬头阶段有所遏制，其温室气体减缓效应有所下降，但在 2005 年之后随着国家节能减排政策的出台，能耗强度效应开始发挥更为积极的作用，其减缓 CO_2 的程度也越来越大；能源结构的变化在各个时期始终贡献较小，这主要是由于工业部门均有其自身的技术发展特征，不可能在短期内实现能源投入要素的转变，也无法在短期内利用清洁可再生能源。

图 11 单独考察了 1996 年和 2009 年工业 CO_2 变化的影响因素中各部门所占的相对规模,可以看出,在总的 CO_2 变化中,冶金与金属制品业、非金属制品业和石油加工业三个部门贡献了 84% 的 CO_2 增量排放。从影响因素来看,规模效应是导致温室气体增加的主要动因,其中,由于冶金与金属制品业、非金属制品业和石油加工业产出规模的扩张导致的温室气体增量占规模总效应的 74%;在产业结构效应中,冶金与金属制品业、设备机械仪表业、化工业和木材家具制造业由于相对经济比重上升,导致增加了 16 800 万 t CO_2,而其他产业部门由于相对经济比重下降而减缓了 29 000 万 t CO_2 排放,最后由于工业内部产业结构变动减少了 12 200 万 t CO_2 排放,在所有部门中,冶金与金属制品业、设备机械仪表业的扩张显著增加了 CO_2,而采矿业、石油加工业、非金属制品业等部门所占经济比重的相对萎缩则促进了 CO_2 减排。在能耗强度效应中,冶金与金属制品业、化工业和非金属制品业的能源效率的提高,有效地控制了 CO_2 的减少,但石油加工业则出现了能源效率退步,额外产生了部分 CO_2 增量;能源结构效应和能源品碳排放系数效应尽管总体影响有限,但部门内部的改善却有很大差异性,譬如,非金属制品业、设备机械仪表业和采矿业能源结构呈现出优化趋势,并有效遏制了部分 CO_2 排放,但冶金与金属制品业和石油加工业则更加依赖于传统高碳型化石能源。基于 33 个工业部门的分解数据可参见附表 4。

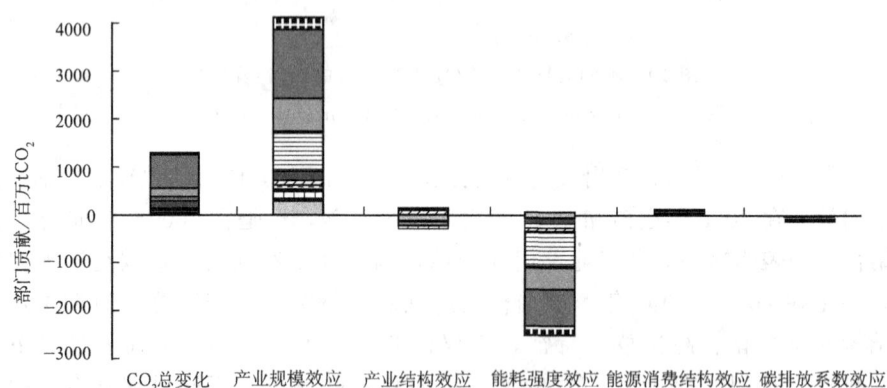

图 11 CO_2 变化的效应中各部门的贡献(1996 年和 2009 年)

Fig. 11 Sectoral contribution of industrial CO_2 in 1996 and 2009

最后,我们单独考察在历年的产业结构调整效应中,各工业行业的相对贡献,如图 12 所示。可以发现,在 2004 年之前,冶金与金属制品业在工业经济中的相对比重上升导致了该行业对温室气体排放的巨大贡献，这一时期非金属制品业、石油加工业、采矿业和化工业所占工业比重的逐渐萎缩则减缓了温室气体排放；在2004年之后工业内部结构发生了较为显著的变化，冶金与金属制品业的产业结构效应表现为负值，也说明该行业所占工业比重出现了下降并由此导致了相当规模的温室气体减排效应，石油加工业、采矿业同样由于部门相对比重下降而产生了CO_2排放的负效应，但是非金属制品业、化工业则出现了反转，其部门所占工业比重出现了较大上升，并由此产生了较大规模的CO_2增量排放。此外，设备机械仪表业在经济中的地位一直处于上升态势，因此其产业结构效应在大多时期保持为正值，但与其他部门的产业结构调整效应相比，其影响规模较小。基于更为详尽的33个部门的分解数据可参见附表5。

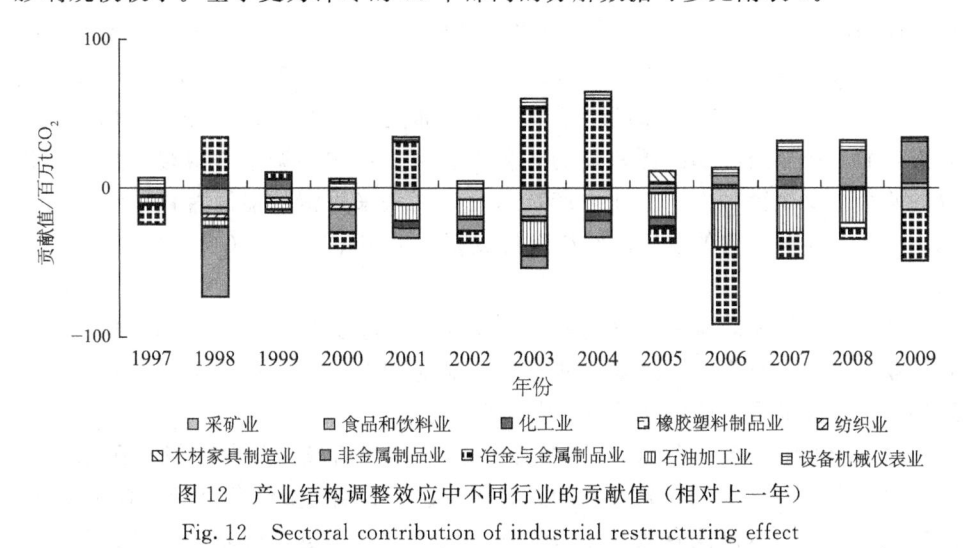

图12　产业结构调整效应中不同行业的贡献值（相对上一年）

Fig.12　Sectoral contribution of industrial restructuring effect

5　结论

本文对1996～2009年工业的10个行业33个部门进行了详尽考察，对各部门的经济产出、能源消费和温室气体排放进行了统计分析，并基于对数平均迪氏分解法将工业CO_2分解为不同效应。主要结论包括以下几个方面：

（1）1996～2009年，我国工业总产值保持17.3％的年均增长速度，其中，设备机械仪表业、冶金与金属制品业、化工业等行业占工业经济比重较高；化石能源消费年均增幅为5.6％，在2002年之后，部分行业耗能出现了大幅攀升，其中冶金与金属制品业化石能源消费比重最高,2009年占整个工业化石能源消费的40%。从化石能源消费结构看,煤炭类比重在逐渐下降,但是在2002~2005年有所反弹;焦炭类消费比重受冶金与金属制品业生产规模扩大影响而有所增加;石油类燃料的消费比重在2002年之前有所上升,但在2002~2005年逐渐萎缩,直到2005年之后才逐渐保持稳定;天然气的消费比重变化不大,保持3%~5%。工业行业温室气体排放年均增加5.3%,其中2002年大多数工业行业排放量开始迅速攀升,冶金与金属制品业、非金属制品业和化工业是工业温室气体排放的主要来源,这三个行业排放的CO_2占整个工业温室气体排放的71%。

(2) 2009年同1996年相比较,工业CO_2增加了135 500万吨,其中产出规模效应的相对贡献率为299%,产业结构效应、能耗强度效应、能源消费结构效应和碳排放系数效应分别为-8.97%、-186.3%、-0.7%和-3.1%。在影响工业CO_2排放的因素中,部门生产规模的扩张是导致工业CO_2排放增加的主要因素,而工业部门内部能源效率的改善以及部门结构的调整是减缓温室气体排放的两个主要途径。由于工业生产技术短期无法采用清洁能源替代传统化石能源,因此,能源结构的改善、燃料碳排放系数低碳化对工业CO_2排放的相对贡献较小。

(3) 产出规模效应在考察期内逐渐变大,并持续推动着CO_2的增加。在所有行业中,冶金与金属制品业、非金属制品业和石油加工业产出规模的扩张导致的温室气体增量占产出规模总效应的74%。

(4) 产业结构效应在2000年之前和2005年之后较为显著,但是在2003~2005年起作用很小,且绝对贡献为正,表明这一时期工业部门结构呈现重型化、高排放的特征,不仅没有减缓温室气体,反而发展了更多的高排放型部门,促成了CO_2的增加。在所有行业中,冶金与金属制品业、设备机械仪表业的扩张增加CO_2最显著,而采矿业、石油加工业、非金属制品业等部门所占经济比重的相对萎缩则促进了CO_2减排。

(5) 能耗强度效应在不同时期均有效削减了温室气体,但在2003~2005年重化工业抬头阶段有所遏制,其温室气体减缓效应有所下降,2005年之后能耗强度效应开始发挥更为积极的作用,其减缓CO_2的程度也越来越大。在所有行业中,冶金与金属制品业、化工业和非金属制品业的能源效率的提高有效地控制了CO_2的减少,但石油加工业则出现了能源效率退步并导致了部分CO_2增量。

(6) 能源消费结构效应和燃料碳排放系数效应在各个时期贡献较小,但部门间存在一定差异性。非金属制品业、设备机械仪表业和采矿业能源结构呈现出优化趋势，并有效遏制了部分 CO_2 排放，但冶金与金属制品业和石油加工业则更加依赖于传统高碳型化石能源。

附录

附表1 化石能源品分类标准、折标系数及 CO_2 排放系数
Tab. 1 Classification of fossil-fuel, conversion factor and CO_2 emission coefficient

能源品类别	能源品名称	单位	折算标准能源系数/百万 t 标准煤	CO_2 排放系数/百万 tCO_2
煤炭能源	原煤	万 t	0.007 14	0.019 80
	洗精煤	万 t	0.009 00	0.024 95
	其他洗煤	万 t	0.005 25	0.007 92
	型煤	万 t	0.006 00	0.020 42
	焦炭	万 t	0.009 71	0.030 48
	焦炉煤气	亿 m^3	0.059 30	0.074 30
	其他煤气	亿 m^3	0.028 80	0.023 22
	其他焦化产品	万 t	0.011 07	0.026 93
石油能源	原油	万 t	0.014 29	0.030 70
	汽油	万 t	0.014 71	0.029 88
	煤油	万 t	0.014 71	0.030 83
	柴油	万 t	0.014 57	0.031 63
	燃料油	万 t	0.014 29	0.032 39
	液化石油气	万 t	0.017 14	0.031 69
	炼厂干气	万 t	0.015 71	0.026 51
	其他石油制品	万 t	0.013 10	0.030 70
天然气能源	天然气	亿 m^3	0.133 00	0.218 67

附表2 工业部门分类对照表
Tab. 2 Classification table of industrial sector

大类行业名称	部门代码	部门名称
采矿业	6	煤炭开采和洗选业
	7	石油和天然气开采业
	8	黑色金属矿采选业
	9	有色金属矿采选业
	10	非金属矿采选业
食品和饮料业	13	农副食品加工业
	14	食品制造业
	15	饮料制造业
	16	烟草制品业

续表

大类行业名称	部门代码	部门名称
纺织皮革制品业	17	纺织业
	18	纺织服装、鞋、帽制造业
	19	皮革、毛皮、羽毛（绒）及其制品业
木材家具制造业	20	木材加工及木、竹、藤、棕、草制品业
	21	家具制造业
	22	造纸及纸制品业
	23	印刷业和记录媒介的复制
	24	文教体育用品制造业
石油加工业	25	石油加工、炼焦及核燃料加工业
化工业	26	化学原料及化学制品制造业
	27	医药制造业
	28	化学纤维制造业
橡胶塑料制品业	29	橡胶制品业
	30	塑料制品业
非金属制品业	31	非金属矿物制品业
冶金与金属制品业	32	黑色金属冶炼及压延加工业
	33	有色金属冶炼及压延加工业
	34	金属矿物制品业
设备机械仪表业	35	通用设备制造业
	36	专用设备制造业
	37	交通运输设备制造业
	39	电气机械及器材制造业
	40	通信设备、计算机及其他电子设备制造业
	41	仪器仪表及文化、办公用机械制造业

附表 3 工业部门在 1996～2009 年累计工业总产值、化石能源消费及 CO_2 排放量
Tab. 3　Aggregated industrial output value, fossil-fuel consumption and CO_2 between 1996 and 2009

部门	1996～2009 年累计绝对量			部门所占比重/%		
	工业总产值/亿元（2005年价格）	化石能源消费/百万 t 标准煤	CO_2 排放量/百万 t	工业总产值	化石能源消费	CO_2 排放
煤炭开采和洗选业	66 984.5	436.7	1 168.8	2.51	4.32	4.49
石油和天然气开采业	73 781.4	291.5	583.7	2.77	2.88	2.24
黑色金属矿采选业	13 497.8	28.3	76.4	0.51	0.28	0.29
有色金属矿采选业	14 624.2	17.7	47.3	0.55	0.17	0.18
非金属矿采选业	10 691.0	52.4	139.2	0.40	0.52	0.54
农副食品加工业	127 099.3	144.6	381.4	4.77	1.43	1.47
食品制造业	44 370.4	90.8	243.3	1.66	0.90	0.94
饮料制造业	40 626.3	81.9	222.0	1.52	0.81	0.85
烟草制品业	33 524.8	20.4	52.8	1.26	0.20	0.20
纺织业	139 822.4	209.0	560.1	5.25	2.07	2.15
纺织服装、鞋、帽制造业	60 382.6	26.3	67.6	2.27	0.26	0.26

续表

部门	1996~2009年累计绝对量 工业总产值/亿元（2005年价格）	化石能源消费/百万t标准煤	CO₂排放量/百万t	部门所占比重/% 工业总产值	化石能源消费	CO₂排放
皮革、毛皮、羽毛（绒）及其制品业	38 892.7	14.9	38.1	1.46	0.15	0.15
木材加工及木、竹、藤、棕、草制品业	24 157.5	38.3	103.9	0.91	0.38	0.40
家具制造业	16 047.6	7.0	17.9	0.60	0.07	0.07
造纸及纸制品业	46 949.0	192.3	520.0	1.76	1.90	2.00
印刷业和记录媒介的复制	17 129.1	10.2	25.1	0.64	0.10	0.10
文教体育用品制造业	16 411.4	6.7	16.1	0.62	0.07	0.06
石油加工、炼焦及核燃料加工业	135 680.1	900.1	2 007.6	5.09	8.90	7.72
化学原料及化学制品制造业	195 050.7	1 661.2	4 168.4	7.32	16.43	16.03
医药制造业	51 076.0	65.1	173.9	1.92	0.64	0.67
化学纤维制造业	28 311.6	77.1	190.5	1.06	0.76	0.73
橡胶制品业	26 528.6	45.9	122.6	1.00	0.45	0.47
塑料制品业	60 459.2	39.0	98.5	2.27	0.39	0.38
非金属矿物制品业	116 105.4	1 826.1	4 679.3	4.36	18.06	17.99
黑色金属冶炼及压延加工业	223 498.2	3 153.9	8 568.2	8.39	31.20	32.95
有色金属冶炼及压延加工业	100 426.3	213.5	551.3	3.77	2.11	2.12
金属矿物制品业	81 397.8	69.2	182.8	3.05	0.69	0.70
通用设备制造业	127 544.5	119.8	328.7	4.79	1.18	1.26
专用设备制造业	78 002.3	77.9	195.7	2.93	0.77	0.75
交通运输设备制造业	195 448.8	105.2	269.7	7.33	1.04	1.04
电气机械及器材制造业	165 800.4	43.6	106.1	6.22	0.43	0.41
通信设备、计算机及其他电子设备制造业	265 433.6	35.1	78.1	9.96	0.35	0.30
仪器仪表及文化、办公用机械制造业	29 200.7	7.5	18.8	1.10	0.07	0.07
合计	2 664 955.9	10 109.5	26 004.0	100	100	100

附表4 工业部门CO_2排放变动分解（1996年和2009年）
Tab. 4 Decomposition of industrial CO_2 change in 1996 and 2009 （单位：万百t CO_2）

部门	CO_2总变动（C_{total}）	产出规模效应（ΔC_Y）	产业结构效应（ΔC_{str}）	能耗强度效应（ΔC_{int}）	能源消费结构效应（ΔC_f）	碳排放系数效应（ΔC_{CC}）
煤炭开采和洗选业	78.26	176.81	−44.81	−55.86	0.07	2.05
石油和天然气开采业	23.30	71.70	−56.45	10.07	−1.88	−0.14
黑色金属矿采选业	3.01	12.04	5.66	−14.56	−0.22	0.10
有色金属矿采选业	−1.65	8.04	−0.76	−8.60	−0.32	−0.01

续表

部门	CO_2总变动（C_{total}）	产出规模效应（ΔC_Y）	产业结构效应（ΔC_{str}）	能耗强度效应（ΔC_{int}）	能源消费结构效应（ΔC_f）	碳排放系数效应（ΔC_{CC}）
非金属矿采选业	3.83	20.61	−5.24	−11.08	−0.46	0.00
农副食品加工业	3.58	57.87	−3.61	−49.82	−0.33	−0.53
食品制造业	−0.49	40.37	−2.68	−38.23	−0.65	0.70
饮料制造业	−0.66	34.22	−9.21	−25.24	−0.42	−0.01
烟草制品业	−2.31	5.96	−2.32	−5.81	−0.11	−0.03
纺织业	−1.48	84.00	−10.61	−75.30	0.56	−0.12
纺织服装、鞋、帽制造业	2.64	9.25	−1.46	−4.95	−0.19	−0.02
皮革、毛皮、羽毛（绒）及其制品业	0.52	5.05	−0.83	−3.54	−0.17	0.01
木材加工及木、竹、藤、棕、草制品业	3.38	15.48	2.31	−14.32	−0.08	−0.01
家具制造业	0.07	2.47	0.47	−2.69	−0.18	0.00
造纸及纸制品业	15.34	81.33	−0.10	−65.39	−0.27	−0.24
印刷业和记录媒介的复制	−0.04	3.39	−0.32	−3.00	−0.17	0.06
文教体育用品制造业	0.23	2.27	−0.09	−1.87	−0.09	0.01
石油加工、炼焦及核燃料加工业	180.91	211.49	−89.97	50.53	0.14	8.73
化学原料及化学制品制造业	64.08	749.55	16.23	−696.20	−1.32	−4.19
医药制造业	−0.42	25.92	0.48	−26.47	−0.24	−0.12
化学纤维制造业	−3.10	17.78	−4.31	−17.17	0.36	0.24
橡胶制品业	0.16	18.97	−1.97	−16.55	−0.23	−0.05
塑料制品业	2.41	15.42	0.28	−13.17	−0.11	−0.01
非金属矿物制品业	198.66	739.12	−66.24	−452.46	−4.09	−17.66
黑色金属冶炼及压延加工业	729.46	1 362.23	95.20	−707.17	6.26	−27.05
有色金属冶炼及压延加工业	33.24	86.46	15.95	−65.96	−0.57	−2.64
金属矿物制品业	0.11	28.56	3.70	−30.70	−1.36	−0.10
通用设备制造业	5.30	61.58	14.22	−69.69	−0.13	−0.67
专用设备制造业	2.61	32.63	4.55	−33.40	−0.51	−0.67
交通运输设备制造业	9.20	40.53	10.86	−41.25	−1.15	0.21
电气机械及器材制造业	0.78	17.17	4.61	−20.13	−0.89	0.02
通信设备、计算机及其他电子设备制造业	4.10	10.80	4.36	−10.84	−0.28	0.05
仪器仪表及文化、办公用机械制造业	−0.06	2.73	0.55	−3.18	−0.16	0
加总	1354.97	4051.81	−121.55	−2524.01	−9.19	−42.09

附表5 1997～2009年产业结构效应中各部门绝对贡献值（相对上一年）
Tab. 5 Sectoral contribution of industrial restructuring effect between 1997 and 2009

部门	1997年	1998年	1999年	2000年	2001年	2002年	2003年	2004年	2005年	2006年	2007年	2008年	2009年
煤炭开采和洗选业	-4.8	-9.0	-5.0	-5.0	-0.1	-1.2	-5.8	6.7	-1.3	-3.7	-3.6	2.8	-0.5
石油和天然气开采业	-0.8	0.2	-1.1	-4.1	-10.0	-5.9	-7.5	-5.5	-3.0	-7.6	-8.0	-4.6	-15.2
黑色金属矿采选业	0.3	-0.2	-0.3	-0.2	0.1	0.1	0.6	1.6	0.4	0.7	0.9	2.4	0.2
有色金属矿采选业	0.2	-0.3	0.1	-0.2	-0.2	-0.1	-0.3	-0.3	0.3	0.5	0.0	-0.3	0.2
非金属矿采选业	0.4	-3.8	-0.2	-0.8	-0.6	-0.4	-0.9	-1.2	0.6	1.0	0.6	0.9	0.8
农副食品加工业	0.1	-2.6	-1.5	-1.0	-0.7	-0.3	-0.1	-0.8	1.2	-0.3	0.1	1.6	1.2
食品制造业	0.7	-1.4	-0.3	0.6	-0.1	0.4	-1.6	-1.5	1.1	0.2	-0.7	-0.4	1.2
饮料制造业	0.7	-0.6	-0.1	-0.7	-1.2	-1.1	-2.1	-3.8	0.7	-0.5	-0.9	1.0	
烟草制品业	0.0	0.2	-0.2	-0.3	0.1	0.0	0.0	0.0	0.0	-0.4	-0.2	-0.1	
纺织业	-2.5	-3.0	-0.9	0.5	0.0	-0.2	-0.8	1.0	1.0	-1.0	-1.1	-2.1	-1.5
纺织服装、鞋、帽制造业	-0.3	0.3	-0.2	-0.1	0.1	-0.2	-0.4	-0.6	0.2	0.0	-0.1	0.2	
皮革、毛皮、羽毛（绒）及其制品业	0.0	0.0	-0.1	-0.1	0.1	0.0	0.0	-0.3	0.0	-0.1	-0.1	-0.2	-0.1
木材加工及木、竹、藤、棕、草制品业	0.7	-1.3	0.3	0.1	0.0	-0.3	-0.4	0.3	0.6	0.5	1.1	1.0	0.5
家具制造业	0.1	-0.1	0.0	0.0	0.1	0.0	0.1	0.2	0.0	0.1	0.0	0.0	0.0
造纸及纸制品业	-0.3	1.1	0.6	1.2	0.3	-0.2	-1.3		0.4	-1.1	-0.1	-0.3	-1.3
印刷业和记录媒介的复制	0.1	0.0	0.0	-0.2	0.1	0.0	0.0	0.0	0.0	-0.1	0.0	0.0	
文教体育用品制造业	0.0	0.2	0.0	0.0	0.0	0.0	0.0	0.0	0.0	0.0	0.0	0.0	-0.1
石油加工、炼焦及核燃料加工业	-0.7	-5.3	-3.4	-1.7	-8.8	-9.3	-16.8	-7.9	-16.7	-29.0	-17.2	-19.8	-0.1
化学原料及化学制品制造业	3.5	7.0	2.0	0.8	0.3	-2.2	-5.5	-3.4	-6.0	2.7	6.6	-1.6	12.8
医药制造业	0.6	1.6	0.4	0.3	0.5	0.1	-0.9	-2.9	0.2	-0.6	-0.2	-0.3	1.7
化学纤维制造业	0.4	0.1	2.2	1.8	-5.7	-1.1	-0.2	-0.5	0.3	-0.1	0.0	-2.4	-0.7

续表

部门	1997年	1998年	1999年	2000年	2001年	2002年	2003年	2004年	2005年	2006年	2007年	2008年	2009年
橡胶制品业	0.0	0.2	−0.3	−0.9	0.0	0.2	−0.5	−0.2	−0.6	0.0	−0.2	−0.4	0.6
塑料制品业	0.2	0.5	0.2	0.0	0.1	0.0	−0.3	−0.2	−0.5	0.1	−0.1	−0.4	0.5
非金属矿物制品业	−3.3	−46.6	−2.3	−15.2	−6.6	−5.9	−6.9	−10.5	5.9	6.2	18.2	24.2	13.2
黑色金属冶炼及压延加工业	−11.5	19.6	2.9	−10.9	30.8	−6.5	54.7	54.3	−11.6	−63.1	−18.3	1.4	−30.0
有色金属冶炼及压延加工业	−0.8	4.3	1.6	0.7	−0.7	−1.6	0.1	3.4	1.3	11.9	1.5	−7.2	0.1
金属矿物制品业	0.0	0.5	−0.4	0.3	0.4	0.2	−0.7	0.3	0.7	0.6	0.9	1.3	−0.6
通用设备制造业	−0.6	−1.9	−0.3	0.1	0.9	1.1	1.4	2.5	0.9	1.2	1.9	3.2	−0.1
专用设备制造业	−0.4	−1.0	−0.4	−0.2	−0.2	0.5	1.1	0.1	0.1	0.8	1.0	2.2	0.6
交通运输设备制造业	0.3	0.4	0.7	0.4	1.6	2.1	1.3	−1.1	−1.0	1.0	1.4	0.7	2.9
电气机械及器材制造业	0.2	0.6	0.3	0.5	0.2	−0.1	0.3	0.6	0.2	0.4	0.4	0.5	0.0
通信设备、计算机及其他电子设备制造业	0.7	0.9	0.5	0.6	0.4	0.5	0.7	0.4	0.1	−0.1	−0.4	−0.5	−0.7
仪器仪表及文化、办公用机械制造业	0.1	0.2	−0.1	0.1	0.0	0.0	0.3	0.0	0.1	0.0	0.0	0.0	−0.1
加总	−16.6	−38.8	−5.5	−33.1	1.3	−31.1	6.6	29.5	−24.8	−78.8	−16.3	0.5	−14.0

参 考 文 献

[1] Alcantara V, Roca J. Energy and CO_2 emissions in Spain: methodology of analysis and some results for 1980–1990. Energy Economics, 1995, 17 (3): 221-230.

[2] Donglan Z, Dequn Z, Peng Z. Driving forces of residential CO_2 emissions in urban and rural China: an index decomposition analysis. Energy Policy, 2010, 38 (7): 3377-3383.

[3] 张鹏飞, 徐朝阳. 干预抑或不干预——围绕政府产业政策有效性的争论. 经济社会体制比较, 2007, (4): 28-35.

[4] Friedl B, Getzner M. Determinants of CO_2 emissions in a small open economy. Ecological

Economics, 2003, 45 (1): 133-148.

[5] Levchenko A A. Institutional quality and international trade. Review of Economic Studies, 2007, 74 (3): 791-819.

[6] Peng Y, Shi C. Determinants of carbon emissions growth in china: a structural decomposition analysis. Energy Procedia, 2011, 5: 169-175.

[7] Wang C, Chen J, Zou J. Decomposition of energy-related CO_2 emission in China: 1957-2000. Energy, 2005, 30 (1): 73-83.

[8] 查冬兰, 周德群. 我国工业 CO_2 排放影响因素差异性研究——基于高耗能行业与中低耗能行业. 财贸研究, 2008, 1: 13-19.

[9] 齐志新, 陈文颖, 吴宗鑫. 工业轻重结构变化对能源消费的影响. 中国工业经济, 2007, (2): 35-42.

[10] Zha D, Zhou D, Ding N. The contribution degree of sub-sectors to structure effect and intensity effects on industry energy intensity in China from 1993 to 2003. Renewable and Sustainable Energy Reviews, 2009, 13 (4): 895-902.

[11] Polenske K R, Lin X. Conserving energy to reduce carbon dioxide emissions in China. Structural Change and Economic Dynamics, 1993, 4 (2): 249-265.

[12] Shobhakar D. Urban energy use and carbon emissions from cities in China and policy implications. Energy Policy, 2009, 37 (11): 4208-4219.

[13] 魏楚, 夏栋. 中国人均 CO_2 排放分解: 一个跨国比较. 管理评论, 2010, 22 (8): 114-121.

[14] Ang B W. Decomposition analysis for policymaking in energy: which is the preferred method. Energy Policy, 2004, 32 (9): 1131-1139.

[15] Kaya Y. Impact of carbon dioxide emission control on GNP growth: interpretation of proposed scenarios. Paper Presented to the Energy and Industry Subgroup, Response Strategies Working Group, Intergovernmental Panel on Climate Change: Paris, France, 1989.

[16] Fisher-Vanden K, Jefferson G H, Liu H, et al. What is driving China's decline in energy intensity. Resource and Energy Economics, 2004, 26 (1): 77-97.

城镇居民用电需求弹性分析
——以北京市为例[①]

□ 靳雅娜　张世秋[②]
（北京大学环境科学与工程学院　环境与经济研究所）

摘要：居民用电需求特征的解析是制定或调整电价政策的先决条件。本文基于北京市 2002~2009 年城镇居民月度用电数据，采用近似理想需求体系（almost ideal demand system, AIDS），估算不同收入群组的用电需求价格和收入弹性。结果表明，其收入弹性与价格弹性绝对值均小于 1，且均随着收入的增加而递减，这表明对低收入群体而言，居民用电具有生活必需品的特征。同时，电价提高，将明显增加其电费支出占总消费支出的比例；而对于高收入群体，其收入以及电价变化，却不会明显改变用电量。本研究的结果表明，电价提升不会对高收入群组的节电行为产生显著影响，但同时具有显著的收入分配效应。

关键词：居民电价政策　近似理想需求体系　收入群组　收入弹性　价格弹性

Elasticity of Urban Residential Demand for Electricity: a Case Study in Beijing

Jin Ya'na, Zhang Shiqiu

Abstract: Deep understanding of residential electricity demand is a prerequisite to develop or adjust the price policy. Based on the monthly electricity consumption data of urban residents in Beijing from 2002 to 2009, this thesis uses the almost ideal demand system (AIDS) to estimate the price and

---

[①] 感谢北京大学环境科学与工程学院马训舟博士在研究方法和数据分析过程中的帮助，感谢北京市统计局的合作，感谢北京大学环境科学与工程学院环境经济学与政策小组全体成员的贡献。笔者文责自负。

[②] 张世秋，通信地址：北京大学环境科学与工程学院；邮箱：100871；电话：86-10-62764974；邮箱：zhangshq@pku.edu.cn。

income elasticity of demand of electricity for different income groups. The results show that both the income elasticity and price elasticity are less than 1, and reduce as income increases. This indicates that residential electricity consumption is a necessity for low-income groups. Once the price increases, the proportion of electricity expenditure to total expenditure will significantly increase. However for high-income groups, income or price change does not significantly change their electricity consumption. To simply raise the price cannot effectively promote electricity saving in high-income groups; however it has significant income distribution effects.

Key words: Residential electricity policy　　Almost ideal demand system　　Income groups　　Income elasticity　　Price elasticity

1　引言

随着中国经济的快速发展和能源需求的急剧增加，电力供需矛盾凸显。由于现行电价长期低于其真实供电成本，工业和居民用电成本与价格长期倒挂，不仅影响供电企业成本回收，更重要的是低电价导致电力资源无法实现有效率的配置。近年来，电价改革特别是居民电价改革成为社会关注的热点问题。但由于居民用电的生活必需品特征，居民电价改革不仅涉及电力资源的配置效率，更与普通百姓的支付能力以及用电负担相关，也与公共服务的公平性关系密切，因此，居民电价政策改革必须兼顾"效率"与"公平"。

评估电价政策改革的效率和公平性，必须充分认识不同收入群体用电行为和特征。因此，本文主要研究两个核心问题：第一，不同收入的群体，其用电支出占消费支出的比重与差异；第二，不同收入的群体用电需求的收入弹性与价格弹性大小以及其他因素对用电需求的影响。

本文基于北京市2002～2009年城镇居民月度用电数据，采用计量经济学的方法，运用近似理想的用电需求模型，分析不同收入群体用电支出占消费支出比重的特点，并估算用电需求的价格和收入弹性。此外，还分析了季节因素、特殊事件（这里特指严重急性呼吸综合征SARS）、居民户常住人口规模、交费频率、冰箱、空调等因素对居民用电需求的影响。

2 实证研究模型与方法

2.1 需求模型的选择

本文根据"近似理想需求体系"[1,2],参考已有居民用水需求的相关研究[3,4],构建了居民用电的 AIDS 模型,据此定量分析消费者在居民用电价格变化时的反应。本研究所应用的 AIDS 模型由以下三式组成:

$$w_{ih} = \alpha + \beta_j \ln x_h + (\gamma_i - \alpha\beta_i)_i \ln p_i - 0.5\beta_i\gamma_i(\ln p_i)^2 - \sum \varphi \ln z_h \tag{1}$$

$$\text{PED} = \frac{1}{w_{ih}}[\gamma_i + \beta_i(\alpha + \gamma_i \ln p_i)] - 1 \tag{2}$$

$$\text{IED} = \frac{\beta_i}{w_{ih}} + 1 \tag{3}$$

式中,w_{ih} 为居民户 h 对物品 i 的消费支出占总消费支出的比例;x_h 为相对收入变量,为居民户 h 的收入与满足最低生存需求的收入之比;p_i 为物品 i 的价格;z_h 为居民户 h 的特征变量;PED 为需求的价格弹性;IED 为需求的收入弹性;α、β_i、γ_i、φ 为待估参数。

2.2 用电需求的影响因素识别

在对相关研究进行分析的基础上,结合研究时段的具体情况,本研究识别出如下影响用电需求的因素,并将其纳入最终的居民用电需求模型中。

2.2.1 居民电价

居民电价是模型本身的重要变量,且电价水平对居民用电需求的影响大小正是研究的核心问题。由于北京市历年居民电价调整不大,居民用电需求对电价水平是否有敏感的响应,有待本文验证。

2.2.2 收入

居民用电需求与其收入特征密切相关,不同收入水平的消费者其用电需求也会不同。低收入人群受收入制约以及其实际消费结构特别是电器使用量的差异,其本身的用电量有限,同时可能出于节约开支的考虑,在满足最为基本的生活需要下,会尽量节约用电;而高收入人群由于其各类耗电消费品种类和数量均较多,其用电需求不仅是基本生活需要的部分,还包括一些享乐或者奢侈性用电,且其一般不会受到收入制约,部分居民户也会出现浪费性用电。

本文的研究中单个居民户的月度收入数据不足,基于高收入家庭通常也具有更高的支出,即收入水平与支出水平基本对应的假设,以月度消费性支出数据表征单个居民户的收入水平。

2.2.3 季节

夏季一般是居民用电高峰期,这主要是空调制冷等方面的需求所致,而对冬季来说,考虑到北京市仍然以市政暖气供暖为主、电采暖为辅,实际的冬季用电量与春秋两季差异不大。所以在模型中仅设定夏季这一控制变量。

2.2.4 居民户常住人口规模

一般而言,一个家庭中人口越多则用电需求越大。但由于居民用电也存在规模效应,如多人共用一台电视、冰箱等现象可能使得居民户常住人口规模对用电量的影响并不是特别明显。由于缺乏单个居民户的具体常住人口数据,本研究采用历年《北京统计年鉴》[5]中按五个收入组分组的家庭人口规模数据作为替代,可以满足作为控制变量的作用。

2.2.5 家用电器

居民户拥有家用电器的种类和数量是影响用电需求的重要因素。但家用电器种类较多,不宜将每种电器都纳入模型中。需要基于对家用电器耗电量的比较以及考虑数据可得性来进行选取。由于缺乏针对中国内地不同家用电器的月度或年耗电量的可信数据,本文在分析中国台湾经济能源管理部门家庭能源节约手册[6]数据的基础上,识别出冰箱、空调为家庭常用电器中耗电量最大的两种电器,故将其纳入模型。

2.2.6 交费频率

北京市居民通常使用电卡来交电费,属于先划卡充值,再消费用电。有些居民户频繁地给电卡充值,并且每次金额较少,可以认为他们对电费与用电量之间的关系更为了解。对于那些一次性充大量电费,从而缴费频率很低的居民户,可以认为他们对电费与用电量之间的关系并不敏感。

2.2.7 SARS 疫情

2003 年 4～6 月暴发了 SARS 疫情,北京市居民更多地待在家里[3,4],从而可能会比正常情况下用电更多,本研究中对 2003 年 4～6 月设置 SARS 这一虚拟变量。

基于以上七类主要用电需求影响因素，利用近似理想需求体系，建立了以下具体的居民用电需求模型：

$$w_{it} = \gamma_g \ln p_t + \beta_g [\ln EXP_{it} - a\ln p_t - 0.5\gamma_g (\ln p_t)^2] \\ + \varphi_1 summer + \varphi_2 sars + \varphi_3 frequency + \varphi_4 avper \\ + \varphi_5 \ln air + \varphi_6 \ln refrige + u_i + \varepsilon_{it} \quad (4)$$

式中，w_{it} 为第 t 期第 i 户家庭用电支出占总消费性支出的比重；p_t 为扣除通胀之后的真实居民用电价格水平；EXP_{it} 为第 t 期第 i 户家庭总的消费性支出；summer 为夏季虚拟变量；sars 为"非典"虚拟变量；frequency 为交电费的频率；avper 为户均人口；air 为空调变量；refrige 为冰箱变量。

3 实证研究

3.1 数据概况

本文采用了以下三类数据。

(1) 加总的数据：依据《北京统计年鉴》[5]，获得各年按照收入高低划分为5个收入群组的加总数据以及各个收入群组家庭平均规模、每百户居民空调平均拥有量、每百户居民冰箱平均拥有量。

(2) 居民户样本数据：采用北京市统计局提供的2002～2009年8年内北京市共21 000居民户的月度数据，包括居民户的月度消费总支出、居民户当月购电数量、居民户当月的购电金额等。

(3) 宏观经济数据：本研究利用《中国统计摘要》[7]中的消费者价格指数（CPI）对相关数据进行了调整。

3.2 原始数据处理与样本统计性描述

由于北京市居民通常只会在一年中的某些月份交电费购电，购得的电量会在随后的几个月中逐渐使用，所以需要首先将购电金额合理换算为月度实际用电支出。具体的处理方法是：居民户在某个月购买了电，则将这笔费用平摊到当月以及随后的几个没有购电的月份中（这些月份可能跨年度），作为这几个月的月度用电支出，并且也将这几个月的消费支出数据平均化，考虑到平均化处理会降低这批数据的异质性，仅保留一个平均数据。这样处理基于的假设是居民户在一次购电后，通常会等到电快要用完时再购电。不排除有少数居民户会连续地、大量地购电，分析数据可知，这样的情况是极少数的。此外，在处理过程中，也剔除了那些一年12个月都没有购电的数据，因为，这样的数据无法提供该居民户当年的用电行为的信息，并且可以认为过长时间未购电的用户本身对电价并不敏感。

经过以上处理之后的数据可以更好地表征居民户月度实际的消费支出与用电支出，表1汇总了有关变量情况，夏季变量中，每年的7月、8月、9月三个月份赋值为1，其他月份赋值为0；SARS变量中，2003年的5月、6月、7月三个月份赋值为1，其他月份赋值为0。

表1 主要变量统计描述
Tab. 1 Overview of main variables

变量	均值	标准差
消费支出/(元/月)	3 660.95	4 709.34
实际电价/[元/KW·h]	0.48	0.28
户均人口/人	2.85	0.22
空调变量/(台/百户)	147.58	28.12
冰箱变量/(台/百户)	103.77	3.05
夏季变量	0.27	0.44
"非典"变量	0.01	0.12

注：总样本量为56 569个。

3.3 不同收入群体的用电支出占消费支出比重

本文根据月度消费支出将样本按照各占20%平均分为收入由低到高的5个收入群组，并且额外关注了居于最低收入的5%与最高收入的5%的居民户的情况，估算结果如表2和表3所示。

表2 不同收入群组的月度真实消费支出
Tab. 2 Monthly real expenditure of different income groups

群组	观测值	均值	标准差
收入群组1	11 304	1 402.87	550.63
收入群组2	11 306	2 150.14	731.79
收入群组3	11 288	2 814.46	1 006.40
收入群组4	11 289	3 713.65	1 489.94
收入群组5	11 298	6 908.09	8 493.59
最低收入的5%	2 831	1 052.60	396.29
最高收入的5%	2 833	11 525.02	15 272.88

表 3 不同收入群组用电支出占总支出比重统计
Tab. 3 The proportion of electricity expenditure to total expenditure of different income groups

群组	观测值	均值	标准差
收入群组 1	11 304	0.057	0.066
收入群组 2	11 306	0.050	0.062
收入群组 3	11 288	0.043	0.053
收入群组 4	11 289	0.039	0.050
收入群组 5	11 298	0.030	0.040
最低收入的 5%	2 831	0.063	0.066
最高收入的 5%	2 833	0.024	0.033

分析表明，不同收入群组之间，月度消费支出差距明显，1~4 组大致每组平均月度支出相差 800 元左右，而第 5 组与第 4 组差距达到 3000 元以上。而最低收入的 5%居民户与最高收入的 5%的居民户之间的月度消费支出差距更是达到了 10 倍以上。这看似惊人的结果反映出的是现实生活中各个收入群体之间的真实差异。由此，有必要额外关注最低收入群体与最高收入群体的用电消费特征。

在 5 个收入群组中，只有收入最低的第 1 组的用电支出占消费支出比重的均值超过了 5%，这一比重在最低收入的 5%的居民户中均值达到 6%以上。需要注意的是，即便对收入最高的第 5 组来说，其用电支出占消费支出比重的均值也接近 3%，最高收入的 5%的居民户的比重均值也达到 2.3%。可以预期，电价若明显上涨，可能对所有居民户都会产生一定的影响，尤其是那些低收入的居民户，影响将会非常明显。

3.4 居民用电需求价格弹性和收入弹性与其他影响因素

经过计量检验，采用面板数据固定效应模型对样本数据按照式（4）进行估算，估算结果如表 4 所示。

表 4 需求模型回归结果
Tab. 4 Regression results of demand model

变量名	收入群组 1	收入群组 2	收入群组 3	收入群组 4	收入群组 5
收入弹性	0.544**	0.495**	0.356**	0.296**	0.081**
价格弹性	−0.839**	−0.742	−0.665**	−0.464**	−0.212*
夏季			−0.000 58		
SARS			−0.001 79		
家庭规模			0.022 1**		
购电频率			0.005 57*		
冰箱对数值			0.074 4**		
空调对数值			0.063 9**		

* 显著水平 5%。
** 显著水平 1%。

研究表明，随着收入的增加，收入弹性递减。这说明，收入若增加，在其他条件不变的情况下，低收入群体会比高收入群体花费更多的支出在用电上。而对于高收入群体（如收入群组5），其收入弹性已经接近0，即使收入增加，他们并不会因此再更多地消费电。结合现实生活，这一结果具有很明显的政策含义：低收入群体由于收入限制，只能在较低水平上使用家用电器并消费电力，只要收入增加，其家用电器使用将增加且将明显地增加用电支出。相关的政策含义在于，为避免低收入群体因价格调整导致承受能力不足进而基本生活受到影响，在价格调整的同时对低收入群体进行适当的补贴，不仅可以降低价格改革的阻力，同时还可以为贫困群体带来更大的效用。

此外，价格弹性虽随着收入的增加而增加，但弹性绝对值减小，说明高收入群组的价格弹性更具有刚性，若电价上涨，在其他条件不变的情况下，其用电支出不会明显改变；而低收入群组，特别是收入群组1，他们会对电价上涨有相对明显的响应，亦即电价上升，会明显减少用电支出。结合现实情况，这同样也具有很明显的政策含义：通过价格手段进行用电需求管理，可能并不能有效地调整用电大户的用电行为，高收入群体用电量大，但用电支出占总支出的比例却很小，为保证其高水平的生活质量不变，电价的变化基本不会影响其用电行为。

上述结果表明，价格手段若设置不当，不仅不能达到通过电价改革激励节电行为的目的，还很有可能"误伤"低收入群体。因此，电价改革必须明确其政策目标，并进而根据政策目标设计和实施相关的价格政策。

4 结论

本文基于北京市2002~2009年城镇居民月度用电数据，分析不同收入群组用电支出占消费支出比重的特点，运用AIDS模型估算不同收入群组的用电需求收入弹性与价格弹性，并分析了其他因素对用电需求的影响。

对北京市的实证研究结果表明，不同收入群体之间消费支出与用电支出占消费支出的比重有很大差异。不同收入群组收入弹性均为正且均小于1，并随着收入的增加而递减至接近0。而价格弹性均为绝对值小于1的负值，其绝对值随着收入的增加而降低。本文的结论可概括为以下几点：一是单纯提高电价并不能有效控制高收入群体的用电需求，反而可能"误伤"低收入群体，其用电需求会被迫明显降低，不仅影响其生活质量提高，同时也可能会使其基本生活受到影响。二是低收入群体的居民用电具有明显的生活必需品特征,其收入增加,会明显增加用电消费以满足乃至改善较低的生活质量。三是收入变化和电价变化会对高收入群体的用电行为有一定影响,但影响甚微。本研究的政策含义在于,单纯通过提高电价的方式,可能无法实现居民节电的政策目标,但由于不同收入群体的用电量的差异,电价改革会具有良好的收入分配效应,同时,由于低收入群体的居民用电的生活必需品特征,在电价改革的同时,或者采用对贫困人口直接补贴的方式或者利用阶梯式定价的方式,都有助于改进电价改革的收入分配公平性效应。

参考文献

[1] Deaton A, Muellbauer J. An almost ideal demand system. The American Economic Review, 1980, 70 (3): 312-326.

[2] Banks J, Blundell R, Lewbel A. Quadratic Engel curves and consumer demand. Review of Economics and Statistics, 1997, 79 (4): 527-539.

[3] 岳鹏. 城市居民用水定价政策的效率和公平研究——以北京市为例. 北京: 北京大学硕士学位论文, 2008.

[4] 马训舟, 张世秋, 谢旭轩, 等. 北京市城镇居民用水需求弹性分析. 中国物价, 2011, (3): 62-66.

[5] 北京市统计局. 北京统计年鉴 (2003~2010). 北京: 中国统计出版社, 2003~2010.

[6] "台湾经济部"能源委员会. 家庭能源节约手册. 台北: "台湾经济部"能源委员会, 2006.

[7] 国家统计局. 中国统计摘要 (2006~2010). 北京: 中国统计出版社, 2006~2010.

基于电网的中国电力行业碳减排技术优化及政策模拟

毛紫薇[①] 王 灿 邹 骥
(世界资源研究所,北京)

摘要:中国作为温室气体的主要排放国之一,面临着前所未有的减排压力,其中电力行业因排放量最大而备受关注。本研究建立了基于成本最小化的自底向上的技术选择模型,其中,将中国按照电网边界划分为六个区域,并包含了14种正在广泛使用或亟需推广的发电技术,也包括一项关键的末端减排技术——碳捕获储存(CCS)。在此基础上,加入待模拟政策的约束,并通过与基准情景进行比较来分析各项政策的减排效果、减排成本以及各区域对政策扰动的反应。

关键词:气候变化 电力部门 政策模拟 减排潜力 减排成本

Sectoral Optimization of Carbon Dioxide Mitigation Technologies and Simulation of Policies for China's Power Sector Based on Power Grid

Mao Ziwei, Wang Can, Zou Ji

Abstract: China, as one of the major emitters of greenhouse gases, is facing unprecedented pressure to reduce emissions. The power sector garners particular attention due to the largest emissions. This study established a bottom-up cost-minimization model based on technologies, which contains 14 generation technologies widely used or to be promoted, and also an end mitigation technology - carbon capture and storage (CCS). China is simulated as six sub power grids consistent with the reality. On this basis, policy constraints are

---

[①] 毛紫薇,北京市朝阳区朝外大街乙6号朝外SOHO A座902;邮编:100020;电话:010-59002566-25;邮箱:ziwei.mao@wri.org。

added in to formulate policy scenarios. Through the comparison between policy and baseline scenarios, the effects of emissions reduction and related abatement costs from various policies can be analyzed. Regional responses to policy disturbances can be also observed.

Key words: Climate change Power sector Policy simulation Mitigation potential Abatement cost

1 总述

随着IPCC的四次评估报告逐渐明确了人类活动所导致的温室气体排放与气候变化的相关性，人为温室气体排放导致全球气候变化的问题已成为目前世界各国高度关注的重大全球性环境问题。中国作为温室气体排放总量位居世界前列的发展中大国，所承受的减排压力越来越大。发达国家的研究机构普遍认为，中国目前已经超越美国，成为世界上最大的二氧化碳排放国[1]。

同时，随着中国近年来经济的快速发展，未来要实现二氧化碳排放总量上的减少，难度越来越大。电力作为国民经济运转的动力源泉，涉及产业范围之广、触及经济利益之深，可谓独一无二，因此，电力部门的二氧化碳减排应首先开始[2]。近年来，随着大量煤炭装机陆续投入使用以及发电量的快速增长，电力行业温室气体排放量增长很快。国际能源署（IEA）在2007年的调查显示，中国2005年火电行业的二氧化碳排放量达35亿t，占总排放量的60%[3]。发电燃料构成以及发电技术水平是影响单位发电量二氧化碳排放的主要因素。机组容量越小，单位发电煤耗越高，单位电量排放的二氧化碳越多。一般而言，小于12 MW的小机组单位电量的二氧化碳排放量比300 MW机组单位电量的二氧化碳排放量大近3倍。因此，减少电力需求、提高可再生能源发电比例以及提高化石能源发电效率，成为中国电力部门减少温室气体排放的关键领域。

本研究针对中国电力部门的空间特点，采用了分区域的模拟方法，通过建立基于电网的自底向上的技术选择模型，旨在分析我国电力部门发展政策的CO_2减排潜力和相应的减排成本。为此，本研究分别设计了一个基准情景和一个针对可再生能源发展规划的政策情景。将政策情景与基准情景比较，可以得出在该政策的影响下，未来电力部门的能源供应结构以及单项政策的减排效果和减排成本。对政策的评估结果可以为政策设计提供一定的参考，同时，对电力部门的技术选择分析也同样可以为其他部门的发展趋势及减排潜力研究提供范例。

2 方法学

2.1 概述

对能源系统进行分区域模拟方法学的开发始于20世纪90年代,而将其针对电力部门进行应用分析仅有十几年的历史。当模拟范围较大,且空间差异明显时,分区域模拟能够更细致地考察各个区域对系统中某项扰动的反应。对电力系统而言,受资源可利用量、燃料价格等的影响,各个区域对某项政策干扰很难作出一致地回应。例如,在温室气体减排的压力下,华中电网丰富的水能资源会带来该区域水能发电的大规模增长,分区域模拟可以实现区域级的观察分析。同时,对中国电力部门进行分区域模拟更符合目前电网划分的实际情况。基于分电网模拟的结果,可以有针对性地提出各个区域电力部门发展的具体战略。

为了估算我国电力部门在CO_2温室气体减排方面的潜力,预测温室气体排放控制对整个电力系统的影响,分析减排的成本,需要建立一个电力优化模型,对各种方案下的电力供应结构、燃料构成、发电成本进行优化和预测,并对结果进行比较和分析。本研究参考了目前世界上主流能源模型中对电力部门的描述,根据中国的实际情况构造了适合中国电力部门的电力优化模型。

该模型在地域上以中国实际电网的边界作为划分依据,将中国电力系统分为六个大区。在时间上,用每一年作为一个时间步长,对2009~2030年的22年进行优化模拟。在电源结构上,综合考虑了煤电、油电、气电、水电、核电、风电、太阳能、生物质能等多种发电方式。在发电设备上,既考虑了传统的发电机组,又考虑了将来有可能在中国得到推广的先进的发电技术。对于燃料品种,考虑了煤炭、燃油、天然气、铀和生物质燃料,同时考虑了电力在各区域之间传输的可能性。模型框架如图1所示。

2.2 模型结构

2.2.1 空间结构

以实际电网划分为依据,模型中将中国的电力系统划分为华北、东北、华东、华中、西北和南方六个区域,这种划分与中国的行政区划也是一致的。具体每个区域对应的省份如表1所示。其中,西藏和海南是电力供给系统相对独立的区域,即通过自给自足实现电力的供需平衡,因此未纳入本研究的空间范畴。

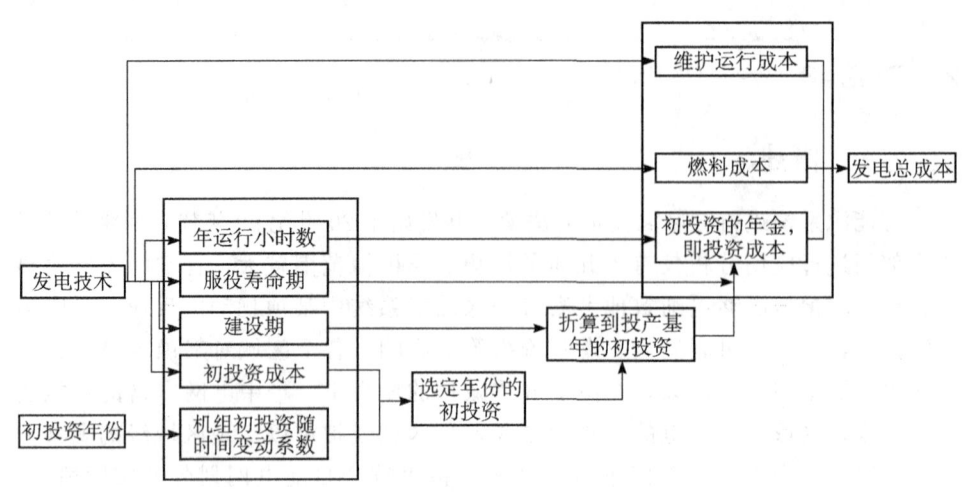

图 1 中国电力部门分区域优化模型结构示意图
Fig. 1 Structure of the model for China's power sector

表 1 模型空间区域划分
Tab. 1 Sub-grids in the model

代号	区域	包括的省、自治区和直辖市
NC	华北	北京、天津、河北、山西、山东、内蒙古
NE	东北	辽宁、吉林、黑龙江
EA	华东	上海、江苏、浙江、安徽、福建
CC	华中	河南、湖北、湖南、江西、四川、重庆
NW	西北	山西、甘肃、青海、宁夏、新疆
SC	南方	广东、广西、云南、贵州

2.2.2 时间结构

模型模拟的时间区间为 2008～2030 年，以 1 年为一个计算步长。

2.2.3 技术结构

在本模型对中国电力部门的模拟过程中，主要考虑了以下 14 种发电技术：①传统火电机组：＜50MW，50M～300MW（不含 300）；②亚临界机组：≥300MW；③超临界机组：300M～600MW；④超超临界机组：≥600MW；⑤PFBC（pressurized fluidized bed combustion）；⑥CFBC（circulating fluidized bed combustion）；⑦IGCC（integrated gasification combined cycle）；⑧碳捕获储存；⑨NGCC（natural gas combined cycle）：250M～300MW；⑩油电；⑪可

再生能源；⑫水电；⑬太阳能发电；⑭风电；⑮新能源；⑯核电；⑰生物质能发电。

其中，①～⑧为煤电技术类，涵盖了目前技术经济性较差、高排放、高污染的传统小火电，从现在至未来都是中坚力量的超临界和超超临界机组，目前仍处于起步阶段、但发展前景将得益于其低排放、低污染特性的IGCC技术和从排放末端进行碳排放削减的CCS技术。这八种技术基本上囊括了未来20～30年中国煤电技术的发展可能性，而中国是一个以煤为主要燃料的国家，因此在煤电技术部分进行如此细致的划分对后续的分析也是十分必要的。

此外，得益于国际谈判压力和国内产业结构调整，中国电力部门近些年也在可再生能源和新能源技术方面取得了较大的进步，尤其是风电、核电、太阳能发电。水电技术相对其他几种新能源技术而言，发展历史较长，在我国发电结构中也占有一定的比例，目前仍然以仅次于火电的地位存在。生物质能发电在国家的相关产业发展规划中也占有一席之地。

油电和气电虽然在我国的发电结构中所占比例甚小，但是为了保证模型技术结构的完整性，这两项技术仍然不可或缺。

所有的技术在模型中都是抽象为装机容量存量来考虑的。每种技术有多个经济技术参数作为其特有的特征识别参数。每种技术的转化效率以能耗因子来度量。尽管从现实的角度来看，有一条普遍的规则适用于所有依靠化石燃料发电的机组：转化效率随着时间不断提高，但是已有的研究中缺乏对该参数随时间变化强度的严密分析，因此在本研究中该参数仍然作为非时间来处理。

模型区分外生和内生的技术变化。所谓外生的技术变化，在模型中体现为不同技术未来的推广度；而内生的技术变化，即我们通常所说的技术学习曲线。学习曲线是基于技术学习这一现象发展而来的。技术学习是指随着技术越来越多地被使用，逐渐积累的经验将改进技术的表现。能源技术的学习曲线主要是刻画了成本下降和累积生产量或累积研发投资之间的关系。技术的成本被认为在一段时间内会以一定的百分比下降。这个百分比称做学习率[4]。目前，国内的能源技术学习曲线尚未有定量的统一描述，在我国经济的快速发展过程中，也不可能实现相对固定的刻画，所以，根据目前国内对此类问题处理的经验[5]，本研究采取了外生地设置研究年份的技术成本与基准年成一定比例（0～1）的处理方法。

每种技术的基准年投资成本在六个区域是一致的，但是会随着时间因技术种类的不同而发生变化。对于成熟的技术，如亚临界、超临界、超超临界、水电、油电等，投资成本因技术本身的完善而进一步降低的可能性很小，因此在模型中采用不变价。而对于目前比较先进的技术，如风能、IGCC、核能、CCS、CFBC 和 PFBC，投资成本会受到学习效应的影响而下降，尤其是考虑到随着技术的国产化，进口成本将会大幅度减少。

考虑到模型中的技术均是能源转换技术，因此在将其他的一次能源转化为电的过程中，三个先决条件是必须满足的：①必须有足够的电力装机容量匹配，这个过程需要相应的投资；②必须有一定的维护运行成本；③必须有充足的可利用的一次能源，而能源的供应是与燃料价格紧密联系的。

对于每一项转化技术，每个区域都有一个与基准年对应的初始装机容量。对化石燃料发电技术而言，模型考虑老机组的发电效率较低，从而导致其相应的二氧化碳排放较高。

模型中仍然有一些针对技术的外生的限制条件，对技术未来可能达到的最大推广度或最小普及率有一定的限制，这主要在政策情景模拟中采用。

3 情景分析

为了分析中国电力部门未来的基本发展趋势以及相关政策对其发展的影响，本研究设置了以下两个情景进行对比模拟。

（1）基准情景：按照目前的发展趋势外推未来中国电力部门的生产结构、发展成本。

（2）可再生能源发展规划情景：在基准情景的基础上，考虑可再生能源发展规划政策对未来中国电力部门生产结构的影响，并考察该政策所需要的成本。

以下将对这两个情景的模拟结果进行分析讨论。

3.1 基准情景

在基准情景中，新能源和可再生能源的装机容量在模型模拟期内按照线性外推的原则保持同比例增长（PV 除外，因 PV 基准年装机为 0，在模拟时对其按成本进行优选）；落后机组将被淘汰，包括传统小火电机组、亚临界机组和油电机组；同时，未建立区域联通。基于以上三点假设，未来电力部门的发电机组装机容量如图 2 所示。

其中，水电和风电在各个区域的发展程度如图 3 所示，华中电网得益于丰富的水利资源而带来水电的迅速发展，华东电网则依靠风能资源得以迅速发展风电。

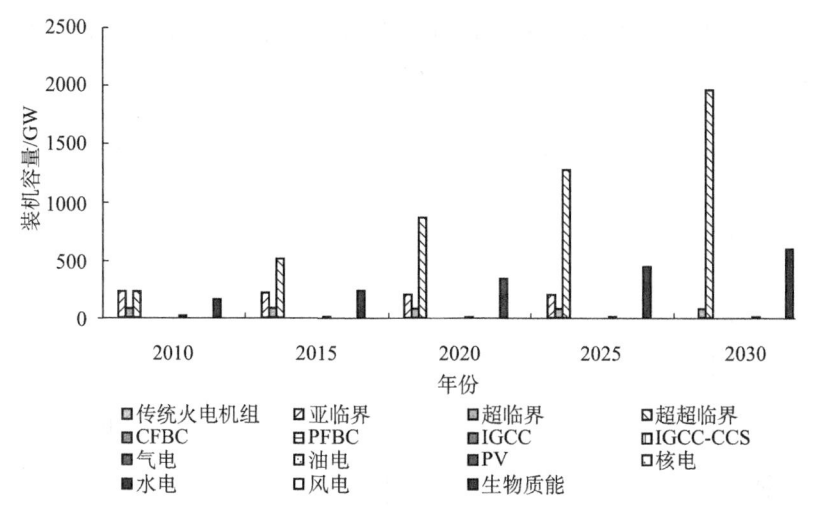

图 2 基准情景中发电机组装机容量

Fig. 2 Installed capacities in baseline scenario

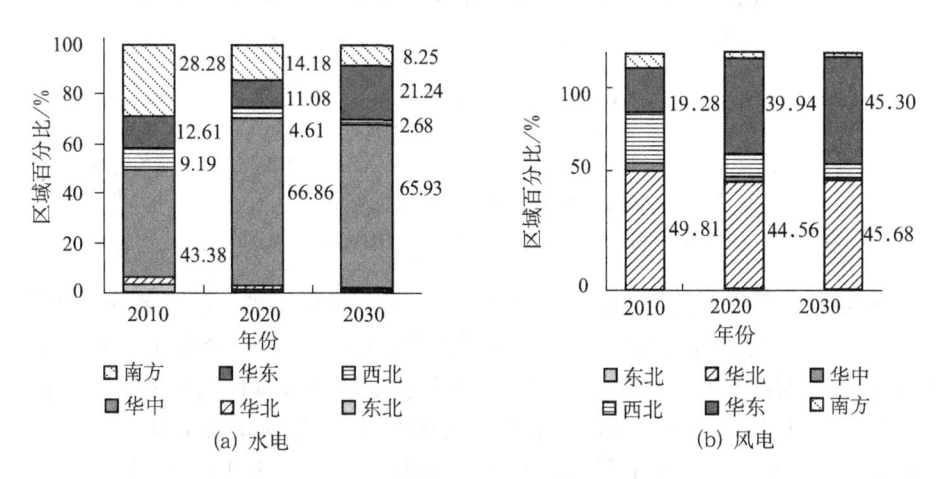

图 3 基准情景中水电和风电区域发展对比

Fig. 3 Development trends comparison of hydro and wind powers

从图3可以看出，火电机组内部的结构发生了巨大的变化。传统火电机组由于其环境经济性能的劣势而在2010年已被淘汰，这与国家"上大压小"政策的颁布和实施力度也是较为一致的。亚临界机组和超临界机组在未来一段时间内仍将继续存在，但是由于其经济性不如超超临界机组，因此并未得到进一步的发展。由于超临界机组在经济性上逐渐赶上并超越亚临界机组，因此2025年后，亚临界机组将先于超临界机组遭到淘汰。而火电机组中最大的赢家莫过于超超临界机组，在一个基于成本最小化的选择模型中出现这一结果，唯一的解释就是该机组良好的经济性。在可再生能源领域，水电、风电、生物质能都保持良好的发展势头，但是 PV 仍然受阻于其高昂的成本而未能得到理想的发展。

从发电量的角度来看，各种机组的发电量与装机容量呈现相似的发展趋势，如图 4 所示。

图 4　基准情景中发电机组发电量

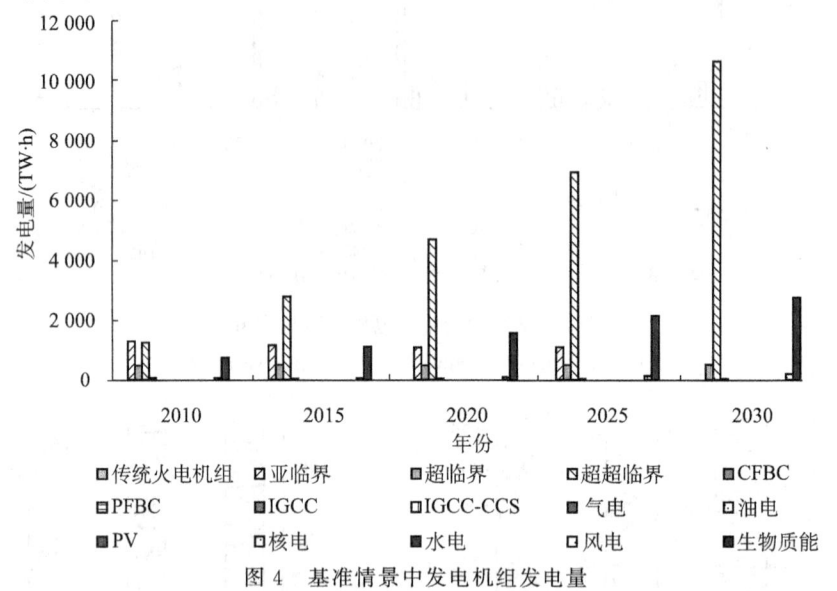

Fig. 4　Electricity generation in baseline scenario

但是，各种发电机组的装机容量和发电量比例却存在一定的差异。从图 5 中可以看出，各机组的装机容量比例确实按照情景设定同比例增长，但是，发电量比例并未保持恒定（图 6），其中火电和核电的发电量比例有所下降，但是火电在 2025 年后有反弹趋势，而水电的比例在 2020 年前持续上升，2020 年后有所下降。这是因为，发电量的大小不仅取决于装机容量的多少，同时也依赖于机组的年运行小时数。

按照国家统计局 0.404 kgce/（kW·h）的折标准煤系数来计算，电力部门的能源消耗由 2010 年的 1615 Mtce 增长到 2030 年的 5774 Mtce，其中火电和水电分别占了 79% 和 19%。

总能耗的上涨与经济发展所带来的电力需求增长密切相关，这是作为一个发展中国家在未来的经济发展过程中不可避免的。但是，为实现可持续发展的目标，不断地优化产业结构，降低单位能耗，是未来我国所面临的一项持久战。电力部门的火电煤耗计划从 2010 年的 307.80 gce/（kW·h）降低到 2030 年的 286.75 gce/（kW·h）。

图 5 基准情景中发电机组装机容量比例

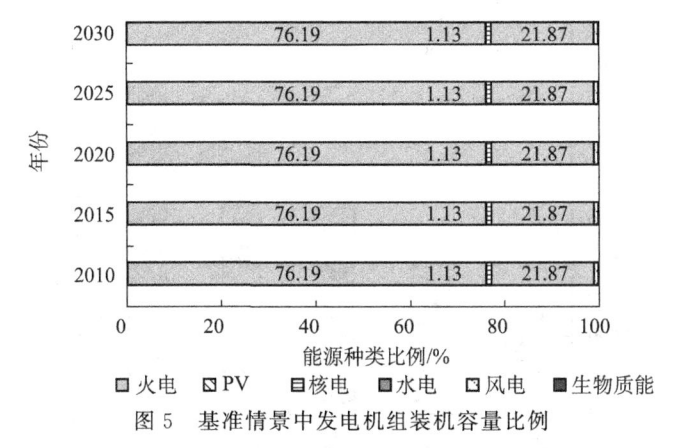

Fig. 5 The proportion of installed capacities in baseline scenario

图 6 基准情景中发电机组发电量比例

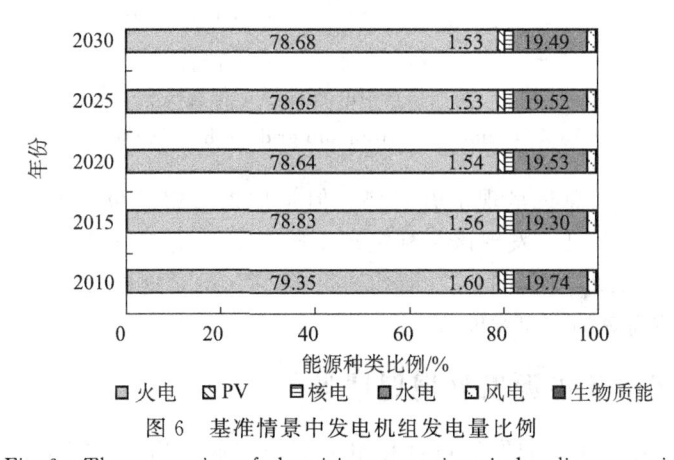

Fig. 6 The proportion of electricity generations in baseline scenario

基准情景下，CO_2 的排放量贡献与技术的发展情况一致，即机组的装机容量和发电量。装机容量和发电量最多的超超临界机组是最大的排放源。超临界机组一直保持较低的排放度，这是由于其发展受限所致。亚临界机组由于逐渐淘汰而相应的排放量也减少。

从电网的角度考察 CO_2 排放量，如图 7 所示，除华中电网外，其他电网的 CO_2 排放量均保持增长趋势，这是因为华中电网涵盖了我国水能资源最为丰富的西南地区，如四川，而水电较之于火电具有成本上的优势，因此在以成本最小化作为优化目标的模型中，华中电网的水电得到了最大的发展，这与其他电网优先发展火电中的超超临界机组的趋势有所不同。但是，就全国范围来看，CO_2 的年排放增长率呈现逐渐降低的趋势，这一指标的变化趋势表明我国 CO_2 的排放曲线在逐渐趋于峰值。

图 7 基准情景中电网的 CO_2 排放情况

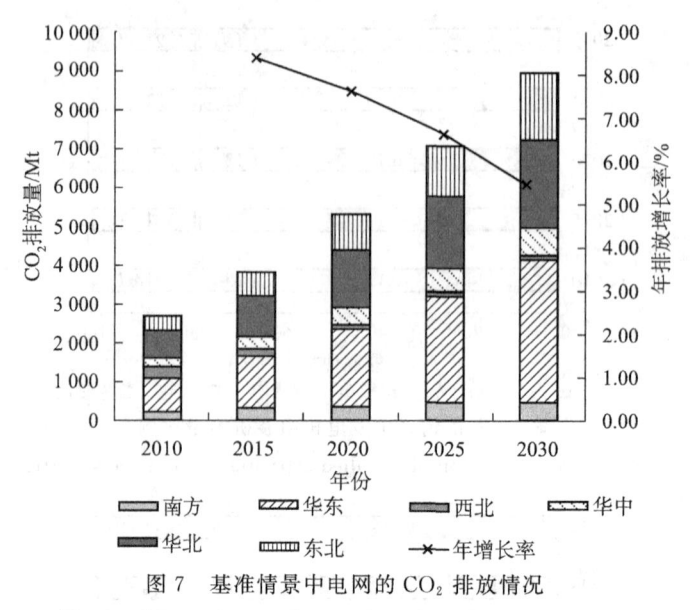

Fig. 7　CO_2 emissions from sub-grids in baseline scenario

尽管 CO_2 排放总量呈现上升趋势,但是如果考察单位发电量的 CO_2 排放量,即 CO_2 排放强度,发现该指标呈现下降趋势,从 2010 年的 0.68 $kgCO_2e$/(kW·h) 降低至 2030 年的 0.63 $kgCO_2e$/(kW·h),这也表明电力部门总体结构在向着清洁高效的方向发展。

3.2　可再生能源发展规划情景

为了促进可再生能源发展以优化电力部门产业结构,国家出台了一系列政策规划,包括《可再生能源"十一五"规划》、《可再生能源中长期发展规划》、《核电中长期发展规划》、《新能源产业振兴和发展规划》等。同时,随着我国可再生能源的迅速发展,相关规划发展目标也随之提高,并提出"大力发展核电"、"积极推进水电开发"、"加快风电、太阳能发电和热电联产等清洁高效能源的建设"。为了模拟新旧规划目标的政策效果及成本,该情景下设两个分情景进行比较分析。

3.2.1　旧规划情景

该情景的设立根据《可再生能源"十一五"规划》、《可再生能源中长期发展规划》和《核电中长期发展规划》,具体发展目标如表 2 所示。

表 2 可再生能源旧规划发展目标
Tab. 2 Original development targets of renewable energies （单位：MW）

能源种类	2010 年	2020 年
风能	10 000	30 000
水能	190 000	380 000
太阳能	300	1 800
生物质能	5 500	30 000
核能	11 230	40 000

该情景在基准情景的基础上，对表 2 中的五种可再生能源在 2010 年和 2020 年的装机容量按规划目标进行约束，其余的火电机组仍然按照成本最优进行选取。未建立区域联通。如果中国电力部门 2009~2030 年按该目标发展，未来中国电力部门中得到最大程度发展的是超超临界机组，在可再生能源领域，水电仍然占有最大的比例，风电、生物质能、核电和气电虽然有所发展，但在总装机中所占比例仍然有很大提升空间。

从区域角度来看，如图 8 所示，华中和华东电网的水电发展较快，但是原因有所差别。华中电网由于水电资源丰富而使得水力发电在该区域得以迅速发展，但是华东电网由于经济的快速发展导致了较快的电力需求增长，从而拉动了该区域水电的发展。与此同时，东北、华北、南方、西北电网的水电装机比例有所下降。

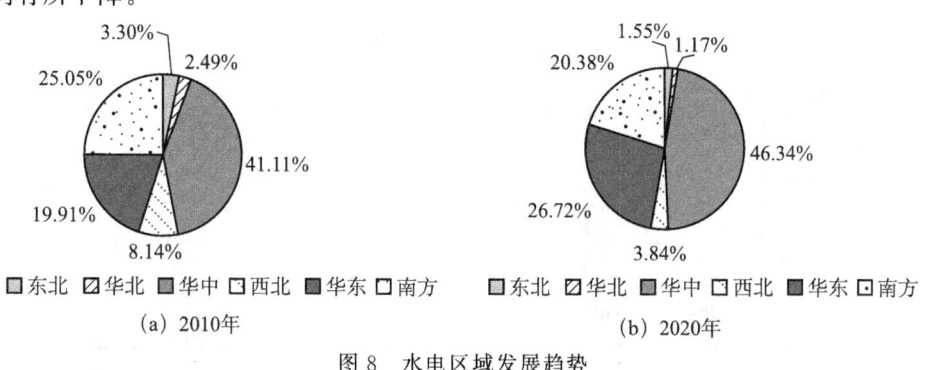

图 8 水电区域发展趋势
Fig. 8 Hydro power development trend

风能的发展同样也呈现出了明显的区域特性，如图 9 所示，水电蓬勃发展的华中电网在风电方面几乎没有得到发展。作为风能资源都很丰富的华东电网和南方电网，其发展的优先次序略有差别，由于华东电网在 2010 年左右风能资源已经得到了充分的利用，在 2010~2020 年，风能资源开发程度尚且不高的南方电网得到了迅速发展。而风能资源同样丰富的东北、华北和西北电网，风电的发展势头略逊一筹。

图 9 风电区域发展趋势

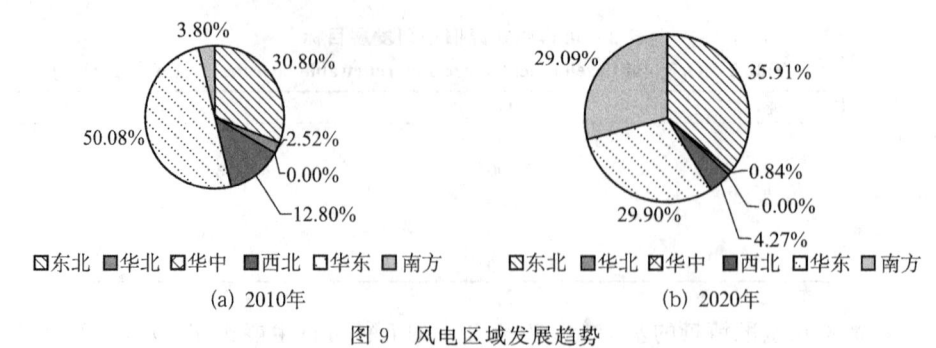

Fig. 9 Wind power development trend

取其中关键年份 2010 年、2020 年和 2030 年与基准情景相比，如图 10 所示，对传统小火电机组的淘汰较慢，2010 年仍有小部分残留，而作为主力机组的超超临界尽管前期发展较缓，但是增速高于基准情景，以至于在 2030 年该类机组的装机与基准情景水平基本持平。可再生能源部分，核电、水电、风电和太阳能 PV 发电确实得到了极大的促进推广，但是与此同时，水电在后期的发展速度放缓。

图 10 可再生能源旧规划情景与基准情景装机容量比较

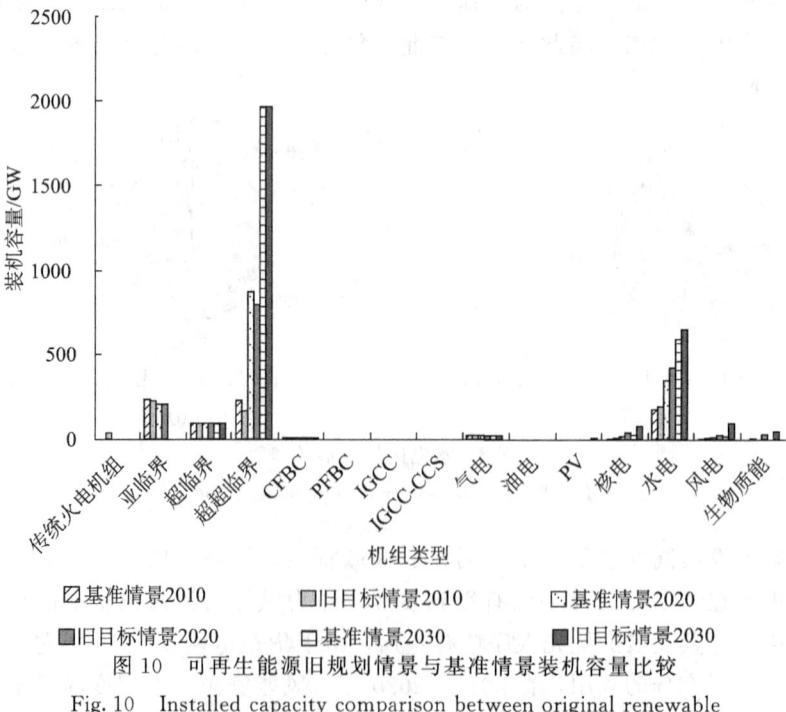

Fig. 10 Installed capacity comparison between original renewable development scenario and baseline scenario

但是，在旧规划情景下，各机组的发电量与装机容量之间并未像基准情景中那样保持一致的趋势，如图11所示，这个差异主要体现在核电、生物质能发电和气电三种技术上，虽然装机容量达到了规划目标，但是随着其他技术的成熟化、市场化，生物质能发电、核电和气电并未体现出成本上的优势，导致气电和生物质能发电机组在2010年以后未得到充分利用，而核电在2025年以后出现类似情况。这主要归结于气电偏高的燃料成本、核电较长的建设期和高昂的燃料成本以及生物质能发电的低服役寿命期和较高的燃料成本，这些因素直接导致了这三种机组在成本上的劣势。但是值得一提的是，太阳能PV发电得到了一定程度的发展，其年运行小时数一直保持在2800小时左右（机组投入使用的上限），说明太阳能发电的装机容量较为合理，同时技术本身的发展也使目前高昂的成本快速下降。

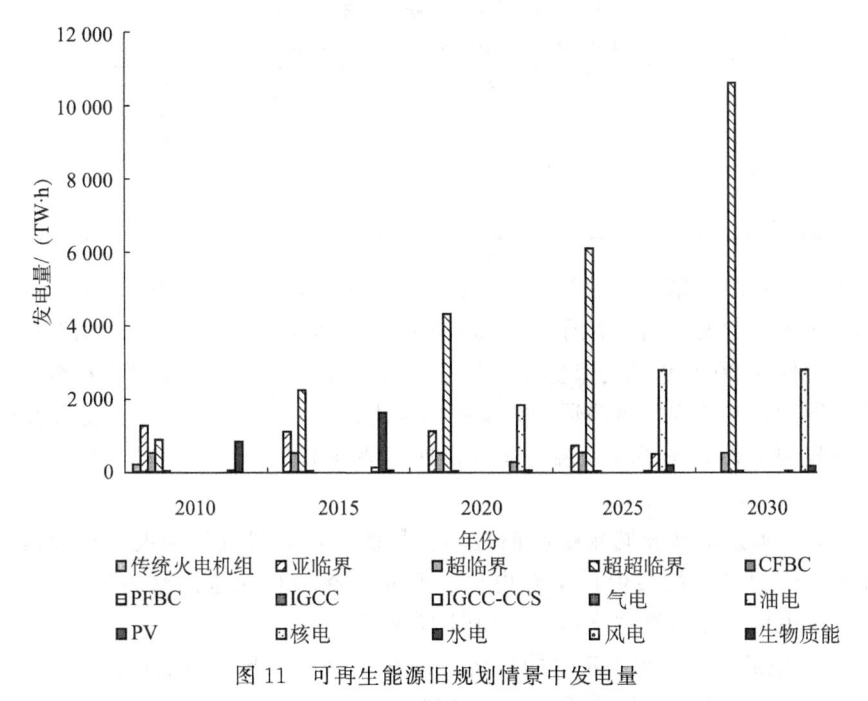

图 11 可再生能源旧规划情景中发电量

Fig. 11 Electricity generation in original renewable development scenario

对比旧规划情景与基准情景的CO_2排放量，到2020年年底，旧规划目标可实现累积减排$CO_2$55亿t，累积减排成本达1403.2亿美元，平均单位减排成本为25.4美元/t；到2030年年底，可实现累积减排$CO_2$122亿t，累积减排成本为3862.1亿美元，平均单位减排成本为31.6美元/t。

3.2.2 新规划情景

由于可再生能源发电技术的快速发展,《可再生能源"十一五"规划》、《可再生能源中长期发展规划》和《核电中长期发展规划》中的目标,有的已经提前达到甚至超越,如风电的装机容量,同时国际谈判的压力和国内经济可持续发展的目标也需要电力部门承担起更大的责任。因此,新的发展规划应运而生,即将出台的《新能源产业振兴和发展规划》将进一步推动可再生能源领域的技术进步和整个电力部门的结构优化,从表3中可以看出,主要是对风电、核电和太阳能发电的发展目标进行了调整。新规划情景的设立即是针对此规划中所提出的新发展目标进行模拟分析。

表 3 可再生能源新发展规划目标
Tab. 3 Updated development targets of renewable energies

能源种类	2010 年	2020 年
风能	35 000[7]	100 000
水能	20 000[8]	380 000[9]
太阳能	600[10]	10 000
生物质能	5 500	30 000
核能	11 230	75 000

该情景在旧规划情景的基础上,对风电、核电和太阳能发电 2010 年和 2020 年的装机容量的发展目标赋予了更高的约束值,同时根据可再生能源发电发展的最新规模对 2010 年的约束值也进行了更新。火电机组仍然按照成本最优进行选取。同时,未建立区域联通。如果中国电力部门 2009~2030 年按更新规划发展,新规划情景中各区域可再生能源发展趋势与旧规划情景相同,在此不再重复描述。

但是,通过对比相同年份新旧规划情景的区域装机发展情况可以发现,水能发展目标的提升将会促进华东电网、西北电网和东北电网水力发电的发展,虽然华中电网仍然占据主导地位,如图 12 所示。

而风电的发展却出现不同的局面,如图 13 所示,风电发展目标的提高使得南方电网和华东电网共同占据了"大壁江山",相比之下,东北电网的风电装机发展甚微。风电和水电新旧规划之间的这种区域发展差异主要是由两种技术所处的发展阶段不同所致,具体来说,风力发电尚处于推广阶段,而水电已经发展成熟且占据一定规模的发电比例,因此,风力发电必然先在有利区域出现集中发展的效应。

可见,如果按照新规划中的发展目标,未来中国电力部门中得到最大程度发展的仍是超超临界机组,在可再生能源领域,水电仍然占有最大的比例,风

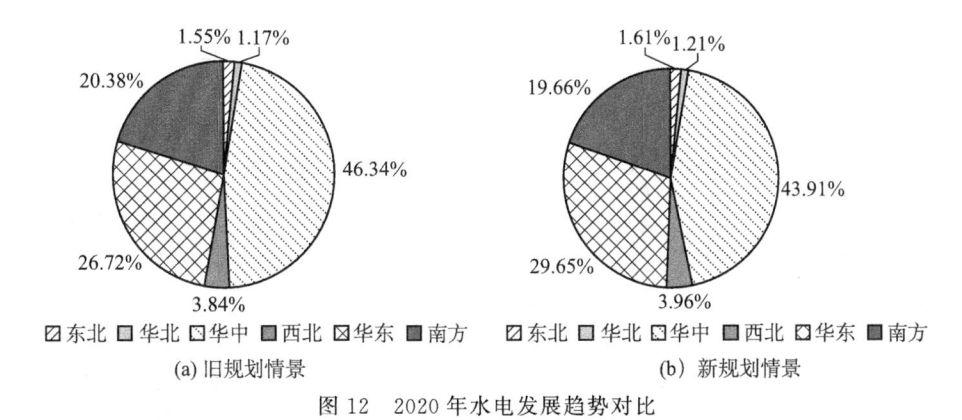

图 12　2020年水电发展趋势对比

Fig. 12　Comparison of hydro power development trends in 2020

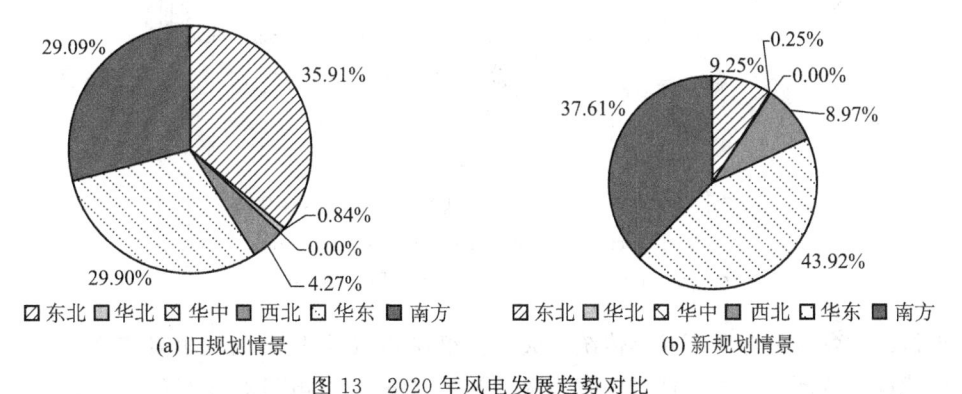

图 13　2020年风电发展趋势对比

Fig. 13　Comparison of wind power development trends in 2020

电、生物质能、核电和气电虽然有所发展，但在总装机中所占比例仍然有很大提升空间。取其中关键年份2010年、2020年和2030年与旧规划情景以及基准情景对比，如图14所示，对传统小火电机组的淘汰步伐与旧规划情景一致，2010年仍有小部分残留，而作为主力机组的超超临界机组发展滞后于旧规划情景和基准情景，以至于在2030年该类机组的装机低于基准情景和旧规划情景水平。可再生能源部分，核电、水电、风电和太阳能PV发电确实得到了更大的发展，但是与此同时，水电在后期的发展慢于旧规划情景。这表明对风电、核电、生物质能和PV的大力推广，短时间内会限制火电和水电的发展速度，但是从长远来看，这个牵制效应会逐渐减弱。

观察各机组的发电量发现（图15），气电、核电和生物质能发电在新规划情景中仍然没有得到充分使用，这与旧规划情景类似，产生这种现象的原因在旧基准情景中已阐述，在此不再赘述。与旧规划情景和基准情景相比，超超临

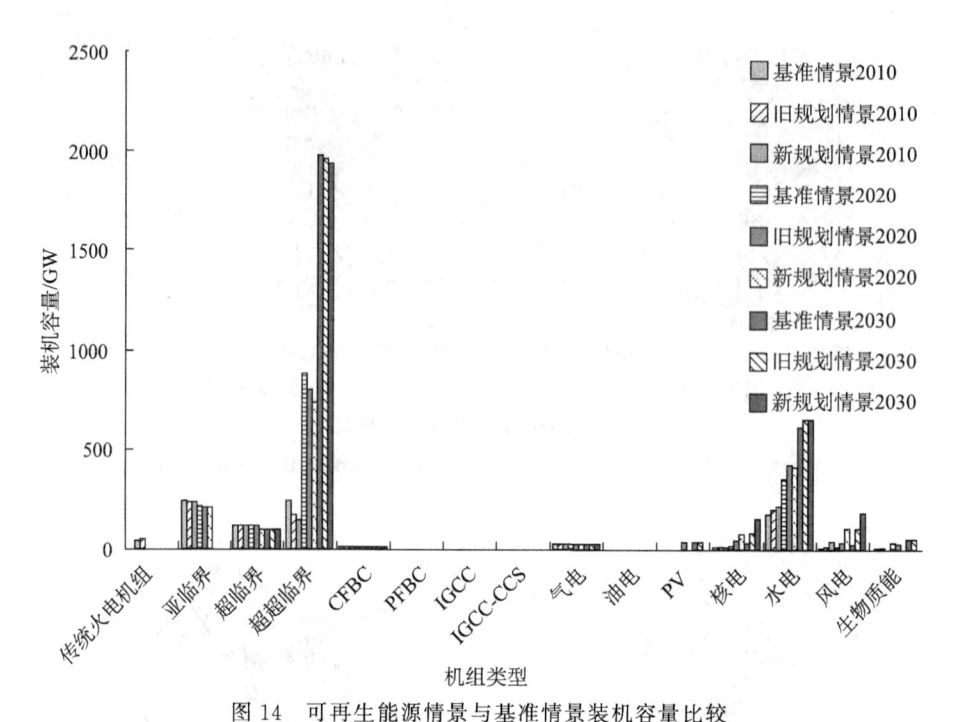

图 14 可再生能源情景与基准情景装机容量比较

Fig. 14 Installed capacity comparison between updated renewable development scenario and baseline scenario

界机组的发电量有所下降，传统小火电机组在 2010 年以前的发电量略高。可再生能源发电部分，太阳能 PV 发电和风电在未来的发电量有客观的提升，2020 年新规划情景的 PV 发电量是旧规划情景的 5 倍多，2030 年仍保持两倍的比例；2020 年新规划情景的风能发电量是旧规划情景的 3 倍多，2030 年的比例将近两倍。可见，新出台的规划目标对于太阳能发电和风能发电的确产生了很大的推动作用。同样受到大力推广的核电在 2020 年以前确实体现了政策的效果，2020 年新规划情景的核电发电量是旧规划情景的 3.5 倍，但是 2020 年以后核电机组的利用率很低，这在两个情景中都体现出了一致的结果，表明仅从政策上加大推广力度对燃料成本高昂同时建设周期长的核电机组来说是不够的，若要实现其长期稳定发展，必须从根本上降低其单位发电成本。

对比三个情景的 CO_2 排放因子，如图 16 所示，从 2010～2030 年，可再生能源情景中该值均低于基准情景，且新规划情景中更低，但是在 2020 年后，该数值缓慢上升，这主要是基于自然资源可利用量的考虑而放缓后期可再生能源的发展力度的结果。

新规划情景中 CO_2 排放量在模拟期内始终低于旧规划情景和基准情景，如

图 15 可再生能源情景与基准情景发电量比较

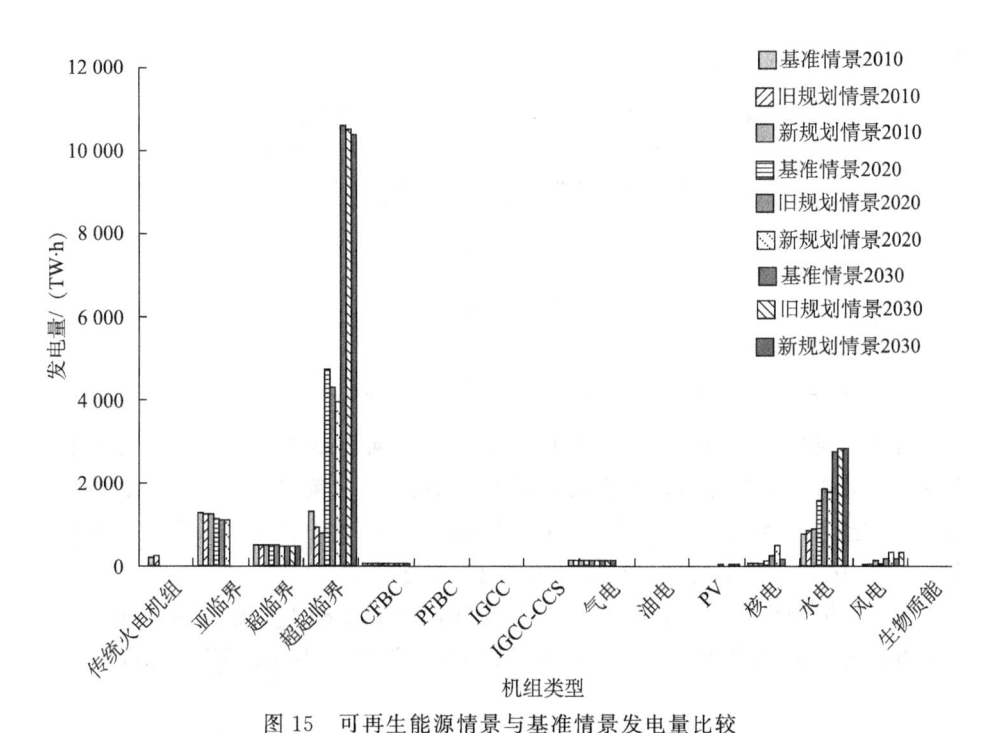

Fig. 15 Electricity generation comparison between renewable development scenarios and baseline scenario

图 16 可再生能源情景与基准情景 CO_2 排放强度比较

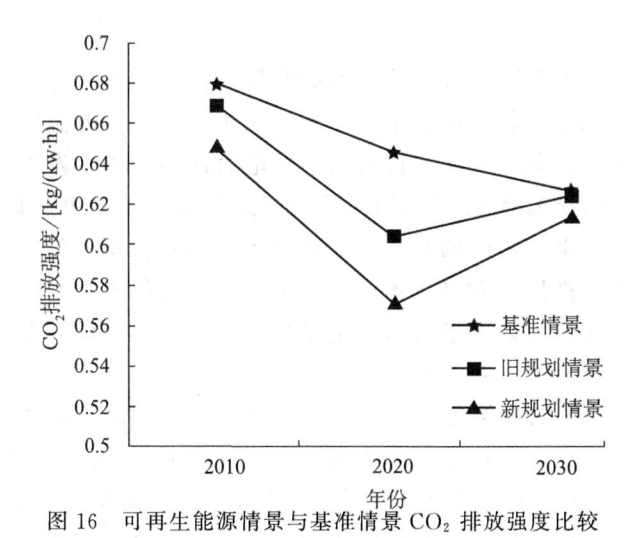

Fig. 16 Emission intensity comparison between renewable development scenarios and baseline scenario

表 4 所示。

表 4 可再生能源情景与基准情景 CO_2 排放量对比

Tab. 4 CO_2 emissions comparison between renewable development scenarios and baseline scenario （单位：Mt）

年份	新规划情景	旧规划情景	基准情景
2010	2595	2674	2716
2015	3087	3356	3854
2020	4709	4978	5328
2025	5626	6067	7100
2030	8784	8939	8964

对比新目标情景与基准情景的 CO_2 排放量，到 2020 年年底，新规划目标可实现累积减排 CO_2 78 亿 t，累积减排成本为 3182.5 亿美元，平均单位减排成本为 41.1 美元/t；到 2030 年年底，可实现累积减排 CO_2 172 亿 t，累积减排成本为 7682.4 亿美元，平均单位减排成本为 44.8 美元/t。

对比新旧规划情景可以发现，在旧规划目标的基础上再进一步实现新规划目标需要付出更多的努力，这里体现为单位增量减排成本高达 77 美元/t。

4 结论

在国际谈判压力和国内可持续发展的背景下，中国电力部门作为国内首要的温室气体排放源也面临着前所未有的减排压力，实现行业温室气体排放的减少已经刻不容缓。因此，亟需分析未来中国电力部门的基本发展趋势，在此基础上进一步探讨可能的减排途径以及可能实现的减排潜力。基于以上研究需求，本论文建立了针对电力部门的自底向上的成本最小化模拟模型，其中包括目前及今后可能使用并推广的发电技术，并构建了电力部门未来发展的基准情景和一个政策情景，通过政策情景与基准情景之间的对比，分析该项政策的实施可能带来的减排效果以及政策成本。

通过分析发现，若中国电力部门按照目前的趋势发展，超超临界机组将得到最大程度的发展。在可再生能源领域，水电、风电、生物质能都保持良好地发展势头，但是 PV 仍然受阻于其高昂的成本而未能得到理想的发展。华中电网得益于丰富的水利资源而带来水电的迅速发展，华东电网则依靠风能资源得以迅速发展风电。同时，碳排放因子的下降也体现了电力部门总体结构在向着清洁高效的方向发展。

另外，可再生能源规划政策确实推动了可再生能源发电的发展，但是，得到最大程度发展的仍是超超临界机组。在可再生能源中，水电仍然占有最大的比例，华中和华东电网的水电发展较快。风电、生物质能、核电和气电虽然有所发展，但在总装机中所占比例仍然有很大提升空间。太阳能PV发电得到了一定程度的发展。对比新旧目标可以发现，水能发展目标的提升将会促进华东电网、西北电网和东北电网水力发电的发展，而风电发展目标的提高使得南方电网和华东电网共同占据了"大壁江山"。但是，在旧规划目标的基础上再进一步实现新规划目标需要付出更多的努力，这里体现为单位增量减排成本高达77美元/t。

参 考 文 献

[1] International Energy Agency. Key World Energy Statistics 2009. Paris：OECD/IEA，2009.

[2] 王锦洋. 推进电力行业节能减排的几点建议. 中国电子商务，2010，11（3）：24-25.

[3] International Energy Agency. World Energy Outlook 2007. Paris：OECD/IEA，2007.

[4] 耿妍丽. 能源技术的学习曲线研究. 环境保护，2009，418（48）：63-66.

[5] Liu Q，Shi M，Jiang K. New power generation technology options under the greenhouse gases mitigation scenario in China. Energy Policy，2009，37（11）：2440-2449.

[6] 施智梁，赵大春. 沉寂多年借力减排"开闸"，2020年水电装机须达3.8亿千瓦. http：//finance.qq.com/a/20100920/002579.htm [2010-09-20].

[7] 许可新. 风电装机容量2020年愿景提前实现. http：//www.chinanews.com.cn/ny/2010/10-26/2612183.shtml [2010-10-26].

[8] 高云才. 中国水电装机突破2亿千瓦稳居世界第一. http：//finance.sina.com.cn/roll/20100921/08318692561.shtml [2010-09-21].

[9] 中国广播网. 能源局：中国2020年水电装机容量将达3.8亿千瓦. http：//news.qq.com/a/20100929/000776.htm [2010-08-26].

[10] 徐海峰. 太阳能装机量将翻番. http：//stock.jrj.com.cn/invest/2010/10/2617408417037.shtml [2010-10-26].

碳捕获与封存技术对中国温室气体减排的潜在作用

□ 刘 嘉[①]

(清华大学环境学院)

摘要：碳捕获与封存（carbon capture and storage，CCS）是一项新兴的具有较大潜力的温室气体减排技术，得到了国际社会的广泛关注。该技术可在持续使用化石能源的同时减少 CO_2 排放，对能源结构以煤为主的我国未来应对 GHG 减排将具有一定的潜在作用。本文从中国未来 GHG 减排所面临的挑战入手，分析了 CCS 技术未来在中国应用的主要特点，基于中国 TIMES 模型体系对 CCS 技术的模拟，分析了该技术对中国未来 GHG 减排的潜在作用，并对该技术未来在中国的研究、开发和应用提出了政策建议。

关键词：碳捕获与封存　温室气体　中国 TIMES 模型体系　碳捕获、利用与封存

The Potential Role of Carbon Capture and Storage in China's Mitigation of Greenhouse Gas

Liu Jia

Abstract：Carbon Capture and Storage (CCS) technology has been recognized worldwide as a new emerging technology to reduce greenhouse gas (GHG) emissions with large potential. CCS could reduce carbon emissions while allowing continuing moderate coal consumptions, taking a potential role in the future mitigation of GHG emissions for China, a country with coal being dominated in its primary energy mix. On the basis of simulating the application of CCS in China using China TIMES Model System, the potential role of CCS application in China's mitigation of GHG emissions and its main characters of ap-

---

① 刘嘉，通信地址：清华大学环境学院；邮编：100084；电话：010-62795265；邮箱：lugar@tsinghua.org.cn。

plication in China have been analyzed in this paper, starting from analyzing the challenges of dealing with GHG emissions reduction in China's future, and a few policy suggestions on the R&D and application of CCS in China are proposed.

Key words: Carbon capture and storage, CCS Greenhouse gas, GHG China TIMES model system Carbon capture, utilization and storage, CCUS

中国正处于工业化、城市化和现代化加快推进的发展阶段，以煤为主的能源结构特征和以工业为主的产业结构特点，决定了中国未来的温室气体减排将面临很多特殊考验和挑战。其中，最核心的问题就是如何在"碳约束"下更有效地利用以煤为主的化石资源来满足经济和社会的发展目标。作为一项新兴的具有较大潜力的减排技术，碳捕获与封存技术可在减少碳排放的同时持续化石能源的使用，对中国未来的GHG减排将具有一定的潜在作用和重要影响，这也使CCS技术的影响分析与评价成为一个重要的研究课题。

1 研究背景

1.1 中国未来GHG减排面临的挑战

近年来，我国已宣布和采取了一系列政策和行动来减少GHG排放，应对气候变化。2009年11月，国务院宣布中国将在2020年将单位国内生产总值的CO_2排放（以下简称碳强度）在2005年的水平上降低40%~45%；在中央和地方政府的经济和社会发展第十二个五年规划中，也已将碳强度作为约束性指标列入，以达到有效控制GHG排放的目的。但与发达国家相比，中国的GHG减排尚面临着许多阶段性的特殊考验和挑战。

首先，中国正处于工业化、城市化和现代化加快推进的发展阶段，能源需求仍将处于快速增长态势，中国的GHG减排仍将长期面临着"发展排放"问题。其次，中国"富煤、贫油、少气"的资源条件，决定了中国以煤为主的能源结构，由于煤炭的单位CO_2排放最高，这种能源结构也对GHG减排提出了很大挑战。再次，当前阶段中国经济的主体和能源消费的主要部门仍是工业，火力发电、钢铁、水泥等高耗能行业作为经济发展和基础设施建设的基础部门，在工业化推进过程中进行产业结构调整面临着较大困难。最后，作为一个快速发展的经济体，未来随着经济发展水平和人均收入的不断提高，建筑物和交通领域的"消费排放"问题将日益突出，而这些领域由于单个排放源较小且分散，给中国未来的大规模 GHG 减排带来很大挑战。

因此，应对以上考验和挑战的本质是如何切实转变经济发展方式，使碳排放增长与经济增长逐步"脱钩"，这是我们迈向"低碳之路"的重要挑战[1]。对我国而言，其核心问题就是如何在"碳约束"下更有效地利用以煤为主的化石资源来满足经济和社会的发展目标。其实通过扩展 KAYA 恒等式[2]可知，一个国家能源的相关排放量是该国人口、人均 GDP、能源强度和单位能耗碳排放量四者的乘积。由于我国正处于迈向小康社会的关键阶段，庞大的人口基数和现行政策在人口控制方面的良好效果，决定了我国人口的稳定性和人均 GDP 稳定增长的必要性。另外，我国能源结构以煤为主，可替代的低碳能源有限，使得我国单位能耗碳排放量的下降空间十分有限。因此，唯一有望大幅降低碳排放的因素就是能源强度，而这主要还将寄希望于通过技术创新来推动先进技术的发展。因此，CCS 技术作为一种可在持续使用化石能源的同时减少碳排放的前沿技术，非常有必要分析该技术的应用对我国 GHG 减排的潜在作用。

1.2 CCS 技术的提出及在中国应用的特点

2006 年，IPCC 第三工作组公布了由该组专家编写的 CCS 技术特别报告。该报告对 CCS 定义如下：CCS 技术是指把 CO_2 从工业或相关能源排放源分离出来，输送到封存地点进行储存，并使其长期与大气隔绝的过程[3]。关于 CCS 技术的定义、具体解释及其在我国应用的前景和影响，很多学者已作过相关介绍和研究[4~8]，在此不再赘述。从其应用的全过程概括来讲，CCS 技术就是将发电、工业流程和燃料转换等工艺过程中化石燃料燃烧产生的 CO_2 通过某些方法予以捕集和压缩，再将其输送并安全地存储于地质构层或海底，使其与大气隔绝的技术。

从 CCS 技术的定义不难看出，其技术流程主要分为 CO_2 的分离、收集、运输和存储。特别是由于 CO_2 的分离和收集，即碳捕获阶段是 CCS 技术投资、能耗和运营成本的主要构成部分，在分析 CCS 技术的经济性及潜在作用和影响时主要关注于该技术在碳捕获阶段的技术经济性能。总体上，在选择碳捕获技术时，燃气流中 CO_2 的浓度、燃气流的压力以及燃料类型都是需要重点考虑的因素，这些因素将决定着碳捕获技术的总体成本和效率。总体来看，如何最大限度地降低捕获过程中的能耗和成本是碳捕获技术未来发展的重点。表 1 给出了从集中排放源进行碳捕获的各种技术和方案，以及它们主要的技术特点。

表 1　碳捕获技术的分类和特点[①]

Tab. 1　The classification and characters of carbon capture technologies

碳捕获技术	技术特点
燃烧后分离	过程简单，但CO_2浓度低，且化学吸收剂较昂贵
富氧燃烧	CO_2浓度高，但压力较小，步骤较多，供氧成本高
燃烧前分离	CO_2浓度高，分离容易，但过程复杂，成本较高
工业分离	利用工业材料分离固碳，技术成熟，但应用有限

由CCS的定义和特点也可看出，CCS技术的应用将主要针对那些固定的、大型的化石燃料排放源。国内外的研究显示，中国主要的CO_2排放源是电力行业、工业生产、建筑物及交通运输部门，因此，CCS在中国应用的部门和工艺环节也将成为其在中国应用的重要特点之一。

首先，电力作为提供重要二次能源、支撑经济发展与社会进步的基础产业，未来必然将持续快速增长，而CCS技术与发电技术的良好结合将使电力部门成为CCS技术应用的首选部门，并为GHG减排作出较大贡献。其次，在工业生产中，由于CO_2的浓度较高，特别是高耗能工业作为一个高浓度CO_2的高排放部门，其捕获成本将有可能低于电厂，它们也将成为近期CCS技术应用的主要部门。最后，由于建筑物和交通领域的排放源均较小且分散，难以直接针对这些排放源应用CCS技术，但若能在其主要消费燃料的生产工艺，特别是在我国独具特点的煤转化工艺中考虑应用CCS技术，将不仅能使能源供应多样化，保障能源安全，同时也有可能极大地降低捕获成本，从而从燃料源头上实现上述部门的CO_2近零排放。基于上述分析可以看出，CCS技术在我国将主要在火力发电、工业生产和煤转化工艺中得以应用，这将为中国未来在GHG减排面临能源结构长期以煤为主、产业结构难以调整及"消费排放"日益突出等阶段性的考验和挑战时，提供一个重要的战略技术选择。

2　研究方法及相关假设

2.1　中国TIMES模型体系

为系统研究CCS技术对我国GHG减排的潜在作用，本文采用系统分析原理，以能源系统优化模型——TIMES模型[9]为基础，耦合了能源需求预测模块

[①]　根据IPCC碳捕获与封存技术特别报告整理。

(ESDPM 模型)[10,11]和碳排放评估模块（MAGICC 模型）[12,13]，构建了中国 TIMES 模型体系（China TIMES model system，C-TMS）[14]。模型体系在给定中国未来的经济和社会发展情景下，综合各种预测方法得到不同的能源服务需求。同时结合相关发展规划和最新政策，假设未来不同的能源发展情景并将 ESDPM 模型得到的能源服务需求作为 TIMES 模型的驱动变量，并可结合不同的能源发展情景和有无 CCS 技术的情况进行情景设计和分析。模型在模拟能源技术与设备的投资和运行、一次能源供应、能源贸易决策以及碳减排约束的基础上，使总系统供应成本最小，从而得到一组满足能源服务需求的技术燃料优化组合。C-TMS 模型体系的框架结构如图 1 所示。

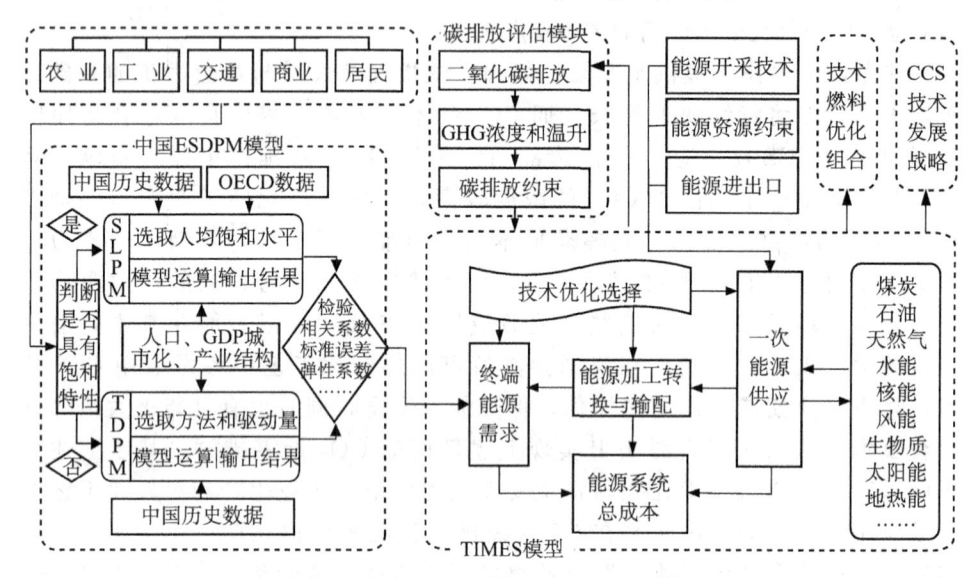

图 1　中国 TIMES 模型体系结构图[14]
Fig. 1　The framework of China TIMES model system

2.2　C-TMS 的运行机理

在建立和运行 C-TMS 模型体系时，首先需根据相关规划和预测给出一个中国未来经济和社会发展的宏观假设，如人口发展和经济增长情况，将这些相关参数作为驱动参数输入到能源服务需求预测模型，得到未来的能源服务需求，并驱动中国 TIMES 模型在碳排放评估模块给出的不同碳排放路径约束下进行求解。根据 C-TMS 模型体系可得到中国未来的终端能源需求、一次能源供应和消费、电力供应和消费等。通过设定不同的发展情景并在情景中对 CCS 相关参数进行设计，以描述未来有无 CCS 技术的两种能源发展情景，来分析不同能源发展情景下 CCS 技术的应用对中国 GHG 减排的作用。以上研究内容将通过如下研究步骤予以实现。

第一步，对中国的能源、环境与经济系统以及 CCS 技术的相关资料和数据进行调研和整理，建立模型的基础数据库；第二步，建立中国能源参考系统，对能源资源的开采、加工、转换、输配以及终端利用等各个环节进行详尽描述；第三步，以中国能源参考系统为基础建立中国 TIMES 模型，结合模型基础数据库对各种资源、技术、碳排放和经济性等参数进行设定；第四步，整合多种能源服务需求预测方法，根据中国能源消费和主要能源服务表征量的发展趋势特点，构建中国 ESDPM 模型，为 TIMES 模型提供需求驱动；第五步，基于 MAGICC 模型对排放路径对 GHG 浓度影响的评估，建立碳排放评估模块，为 TIMES 模型开展 CCS 技术影响分析研究提供减排路径设计方案；第六步，调试模型体系，设计减排路径和不同能源发展情景，通过对不同减排路径和能源发展情景下有无 CCS 技术应用的两种情景进行比较和分析，分析 CCS 技术的应用对我国 GHG 减排的作用。

2.3 CCS 技术相关参数假设

本文在利用 C-TMS 模型体系模拟 CCS 技术时，重点模拟了该技术对 CO_2 的捕获和收集阶段，并对其输送和封存予以简要假设。下面，本文将对 CCS 技术的相关参数假设予以说明。

目前，很多学者对不同碳捕获技术的成本和效率进行了研究，且主要集中于碳捕获技术在火力发电中的应用。本文也以 CCS 技术在火力发电中应用的相关参数为例，在对国内外相关研究进行调研和数据搜集的基础上，基于国际和国内的相关研究，对新建火电厂实施碳捕获技术的成本效率和性能给出其区间范围和典型值假设，如表 2 所示。在工业流程中，本文将重点考虑 CCS 技术在水泥、钢铁和合成氨的生产流程中的应用；在 CCS 技术在煤转化工艺中的应用中，本文主要考虑在煤的直接制油、间接制油（费托工艺）和煤制气、煤制氢中 CCS 技术的应用，因为这些工艺中 CO_2 浓度较高，若采用能与原工艺有效耦合的碳捕获技术，必将极大地降低碳捕获成本。

表 2 应用碳捕获的主要发电技术参数设计

Tab. 2 The parameters designing of major power generation technologies captureing CO_2

电站类型	技术参数和说明	进展	投资增加区间和典型值/%[①]	发电成本增加区间和典型值/%[②]
超（超）临界	机组热效率较高，发电效率可达 41%～45%，投资低	技术成熟，已进入大容量、高参数的发展阶段	45～77 66	42～84 58

续表

电站类型	技术参数和说明	进展	投资增加区间和典型值/%①	发电成本增加区间和典型值/%②
IGCC	发电净效率已大于43%，排放较小，利于碳捕集，但投资较高	正处在商业示范期并接近商业应用阶段	20～50 36	20～55 34
NGCC	发电效率可大于50%，投资小，环保性能优，但燃料成本过高	已成熟并规模应用，我国仍需研发核心技术	45～75 70	32～69 46

注：①仅指由增加碳捕获系统造成的投资增加；②仅指由增加碳捕获系统造成的发电成本增加。

在 CCS 技术中 CO_2 的输送和封存阶段，国内外相关研究机构和学者也进行了一定研究。相关结论是在我国北部、西北部及西南部地区，CO_2 排放源和封存地间的匹配性良好；而南部、中部以及东部沿海地区的排放源距离有封存潜力的陆地场地相对较远。在取样的 CO_2 排放源中，超过一半的排放源紧挨着具有封存潜力的汇，80%以上的排放源附近 80km 以内和 90%以上的排放源 160km 以内存在汇[15]。管道运输成本在 250km 的运输距离时为 1～8 美元/tCO_2；当 CO_2 年输送量达到 200 万 t 以上，管道运输距离在 200～600km 的情况下，CO_2 的运输费用在 3～10 美元/t[16]；封存 CO_2 的费用约为 96 元，若采用废弃油气井，可不计算钻井成本[17]。因此，根据如上研究结论，本研究设定 CO_2 运输半径为 150km，运输成本和封存成本分别按 50 元/t 和 100 元/t 计算。

综上所述，本文将利用 C-TMS 模型体系重点模拟 CCS 技术在火力发电、工业流程和煤转化工艺中的应用，在 CCS 技术的成本和效率方面，主要对碳捕获技术的相关参数进行模拟，对 CO_2 的输送和封存成本予以假设。其中，在火力发电中将重点考虑 CCS 技术在超（超）临界、整体煤气化联合循环发电（IGCC）和天然气联合循环（NGCC）电站中的应用；在工业流程中将重点考虑水泥、钢铁和合成氨生产工艺中应用 CCS 技术；而在煤转化工艺中将重点考虑 CCS 技术在煤制油、煤制气和煤制氢等工艺中的应用。

3 结果分析与讨论

本文应用中国 TIMES 模型体系，对 CCS 技术在火力发电、工业流程和煤转化工艺中的应用进行了模拟，得到了一些初步研究结果。受篇幅所限，本文仅针对如下结果进行讨论，以分析 CCS 技术对中国未来 GHG 减排的潜在作用。

3.1 CCS技术将为中国未来的GHG减排提供重要的战略选择

IEA 2008年发布的能源技术展望[18]显示,在未来全球平均地表温度上升控制在2℃的情景下,随着提高能效和可替代能源的开发受到潜力、资源和技术等瓶颈的限制由易转难时,提高能效所贡献的减排量占总减排量的比例将逐渐下降,能源替代的贡献也将逐渐趋缓,而CCS技术对总体减排的贡献将从2020年的3%上升至2030年的10%,并于2050年达到19%,如表3所示。同时,该报告预测CCS技术将在2010～2035年从示范阶段转变到大规模商业化阶段,并给出了未来CCS技术的发展路径图。

表3　各技术减排量占当年能源相关减排量的百分比
Tab. 3　The percentage of reduction from technologies by the total reduction　(单位:%)

减排措施	2020年	2030年	2050年
提高能效	65	57	54
能源替代和碳汇	19	23	21
发展核能	13	10	6
碳捕获与封存	3	10	19

由此可见,作为一个唯一可使CO_2负排放的减排技术,CCS技术在未来的GHG减排技术组合中占据着非常重要的位置。中国在未来的GHG减排中,也面临着提高能效的"天花板效应"以及发展新能源和可再生能源的资源禀赋限制。本研究结果显示,所有情景在两种减排路径下,2050年CCS技术对总体减排的贡献均超过了20%,只不过在总体趋势上略有不同。在后期减排力度更大的减排路径下,CCS技术将得到更大的应用,主要是电力部门的CO_2捕获量将大幅增加。可见,若CCS技术有望在提高能效达到瓶颈和可再生能源技术尚未完全成熟时成为一种过渡性的减排技术,其将为中国的GHG减排提供了一种重要的战略选择。

3.2 CCS技术可在GHG减排的同时持续使用丰富的煤炭资源

由于CCS技术的优势在于可减少使用化石能源造成的CO_2排放,因此,对于能源结构以煤为主的中国来说,CCS技术可在减少GHG排放的同时仍可持续使用丰富的煤炭能源。以参考情景(RS)在不同减排路径下考虑和不考虑CCS技术的电力装机容量及构成结果为例,如图2所示。

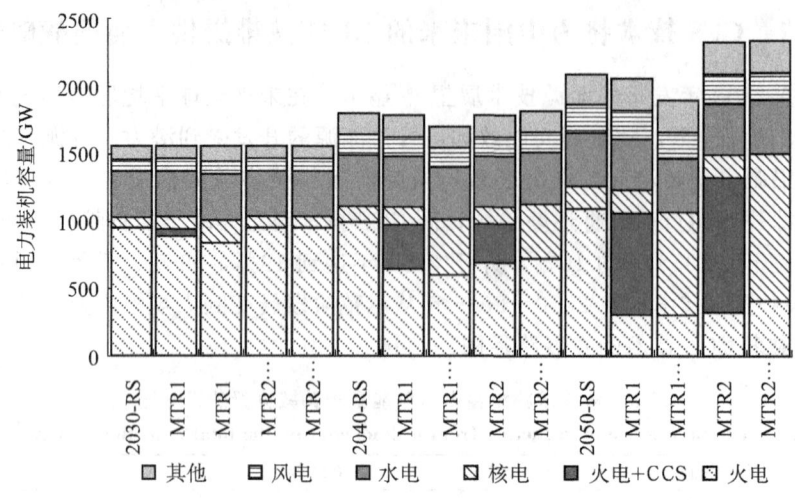

图 2 不同减排路径下有无 CCS 技术的电力装机容量及构成

Fig. 2 The capacities and mix of power plants in different mitigation pathways w/o CCS

模型结果显示,在 2050 年减排率为 30%～40% 并考虑 CCS 技术的情景下,火电装机容量仍可持续增加,带有碳捕获装置的装机容量将达到总火电装机容量的 75%;而没有 CCS 技术的情景下将主要依靠核电来进行减排,核电装机容量将达到电力总装机容量的 50% 左右,而火电装机容量将减少 70%。这充分说明了 CCS 技术可在减少 GHG 排放的同时持续使用丰富的煤炭能源,这对能源结构以煤为主的中国来说,无疑将具有着重大的战略作用。

3.3 CCS 技术可缓解 GHG 减排对核电的依赖,降低减排成本

如表 3 所示,随着提高能效瓶颈限制和可替代能源资源开发逐渐由易转难等原因,CCS 技术对总体减排的贡献将不断上升。除此以外,IEA 在综合分析了各类减排技术的长期减排成本后得出,在不采用 CCS 技术的情况下,2050 年的总减排成本将比使用 CCS 增加 70%[18]。中国由于可再生能源和可替代能源的开发也将逐渐由易转难,如水电等重要可再生能源的经济可开发容量有限,随着能效提高到一定水平之后,未来的大规模 GHG 减排仍将主要依赖于核电,如图 2 所示。但 CCS 技术的应用将不仅有效缓解对核电的依赖,同时还能降低 GHG 减排成本。模型结果显示,在 2050 年减排率为 30%～40% 并不考虑 CCS 技术的情景下,在 2040 年后核电年投资均超过 3 万亿元,这将导致其投资成本贴现值与考虑 CCS 技术应用的情景相比增加 75%。

3.4 CCS 技术有望在减少 GHG 排放的同时增加油气供应，保障能源安全

如前所述，作为一个煤炭生产和消费大国，CCS 技术在煤转化领域的应用将是中国发展 CCS 技术的一个独具特色的特点。模型结果显示，虽然目前煤制油和煤制氢等煤转化技术成本较高，但未来随着应对气候变化和能源安全问题日益突出，该技术有望逐渐降低成本，考虑到 CO_2 分离已是该技术流程的一部分，其捕获成本主要来自烘干和压缩，成本增幅较小，CCS 技术的应用有望进一步推动该技术发展。另外，碳封存技术还可用于强化石油开采（enhance oil recovery，EOR）和强化煤层气开采（enhance coalbed methane，ECBM）。如果 CCS 技术在碳捕获环节能与上述煤转化工艺有机结合起来，在碳封存环节能优先用于 EOR 和 ECBM，那么 CCS 技术将不仅仅成为一项清洁煤炭利用技术，同时也可在一定程度上增加油气供应，保障能源安全。

综上所述，由于 CCS 技术可在 GHG 减排的同时持续使用丰富的煤炭资源，这将缓解 GHG 减排对核电的依赖，并有效降低减排成本，对能源结构以煤为主的我国具有着重大的战略作用。它不仅将为中国未来的 GHG 减排提供了一种重要的战略选择，而且还有望在减少 GHG 排放的同时增加油气供应，保障能源安全。但由于该技术涉及行业面广，将对我国的能源系统、经济和社会的可持续发展带来重大影响。需对其影响进行进一步的分析，并进一步降低其在主要工艺环节的额外能耗和成本，提高其封存所能带来的附加效应。例如，国内外最新提出的碳捕获、利用与封存（carbon capture, utilization and storage, CCUS），这可能将是 CCS 技术新的发展趋势。由于我国尚处于工业化的初、中期阶段，投资大、能耗高的 CCS 技术在中国的大规模推广与应用是不可想象的，应对 CCUS 等 CO_2 的循环和利用技术予以更多重视和研发投入，这也需要进一步加强对该类技术应用的潜力和影响的分析与评估，以推动其更快发展。

4 结论

中国正处于工业化、城市化和现代化加快推进的发展阶段，未来 GHG 减排将面临着很多特殊考验和挑战。作为一项新兴减排技术，CCS 技术对我国未来的 GHG 减排具有极其重大的战略意义。总体而言，由于该技术是一项有望大规模在化石燃料领域应用的前沿技术，具有其他减排技术不可比拟的后发性、规

模性以及可持续使用煤炭的独特性,为我国未来的 GHG 减排提供了一种重要的战略选择和持续使用煤炭、降低减排成本和保障能源安全的可能。

因此,我国应对 CCS 技术的研发与应用予以重视,加快推进该技术的研发与示范,系统分析该技术的应用对我国未来 GHG 减排的作用以及对能源和经济系统的影响,并针对该技术在不同发展阶段和不同应用部门的特点,尽早制定 CCS 技术发展路线图,优化其发展路径。近期应加强 CCS 技术的研究与开发,优先发展低捕获成本、高封存收益的 CCS 技术,特别是碳捕获技术在煤转化工艺的应用、碳封存技术在 EOR 和 ECBM 领域的应用以及 CO_2 的资源化利用,为碳捕获、利用与封存等技术环节早期的示范和应用奠定基础;中、远期应充分考虑到 CCS 技术在全球的发展阶段和我国参与国际气候谈判的进展情况,重点加强碳捕获、利用和封存潜力较大的技术发展,进一步提高其经济性和安全性,为我国未来应对大规模的 GHG 减排做好充分的技术储备。

参 考 文 献

[1] 张建宇. "低碳发展"如何避免"言大于行". http://www.stdaily.com/kjrb/content/2010-08/13/content_218525.htm [2010-08-13].

[2] Kaya Y. Impact of carbon dioxide emission on GNP growth: interpretation of proposed scenarios. Paris: Presentation to the Energy and Industry Subgroup, Response Strategies Working Group, IPCC, 1989.

[3] IPCC. IPCC Special Report on Carbon Dioxide Capture and Storage. Geneva: WMO/UNDP, 2006: 3-5, 29-30.

[4] 曾荣树, 孙枢, 陈代钊, 等. 减少二氧化碳向大气层的排放——二氧化碳地下储存研究. 中国科学基金, 2004, 18 (4): 196-199.

[5] 张树伟, 刘德顺. 碳固存技术的现状与发展. 环境科学动态, 2005, 4: 25-27.

[6] 巢清尘, 陈文颖. 碳捕获和存储技术综述及对我国的影响. 地球科学进展, 2006, 21 (3): 291-298.

[7] 陈文颖, 吴宗鑫, 王伟中. CO_2 收集封存战略及其对我国远期减缓 CO_2 排放的潜在作用. 环境科学, 2007, 28 (6): 1178-1179.

[8] 刘嘉, 李永, 刘德顺. 碳封存技术的现状及在中国应用的研究意义. 环境与可持续发展, 2009, 2: 25-27.

[9] International Energy Agency. Energy technology systems analysis programme. Documentation for the TIMES Model. http://www.etsap.org/tools.htm [2005-01-01].

[10] 刘嘉, 陈文颖, 刘德顺. 中国能源服务需求预测模型. 清华大学学报 (自然科学版), 2010, 50 (3): 481-484.

[11] 刘嘉, 陈文颖, 刘德顺. 中国 ESDPM 模型及其在交通需求预测中的应用. 中国人口·

资源与环境, 2011, 21 (3): 71-75.

[12] Wigley T M L. MAGICC/SCENGEN 5.3: User Manual (Version2). 2008: 1-36.

[13] 刘嘉, 陈文颖, 刘德顺. 对稳定浓度目标下温室气体排放路径的探讨. 中国人口·资源与环境, 2011, 21 (8): 95-99.

[14] Liu J, Chen W Y, Liu D S. Scenario analysis of China's future energy demand based on TIMES model system. Energy Procedia, 2011, 5: 1803-1808.

[15] Robert D, Li X C, Casie L D, et al. Regional opportunities for carbon dioxide capture and storage in China. http://www.ntis.gov/ordering.htm [2009-12-01].

[16] 孙枢. CO_2 地下封存的地质学问题及其对减缓气候变化的意义. 中国基础科学, 2006, 8 (03): 17-18.

[17] 2050中国能源和碳排放研究课题组. 2050中国能源和碳排放报告. 北京: 科学出版社, 2009: 449-481.

[18] International Energy Agency. Energy Technology Perspectives. Paris: IEA, 2008.

黑河中游地区水资源空间优化配置研究
——基于分布式水资源经济模型[①]

□ 王晓君[1,2] 石敏俊[1,2][②]

(1. 中国科学院研究生院；2. 中国科学院虚拟经济与数据科学研究中心)

摘要：黑河分水以后，中游地区的张掖市可用水量减少，供需矛盾突出，水资源空间规划管理能够缓和区域用水需求矛盾，带来区域整体利益优化和农民福利增加。本文基于分布式水资源经济模型，在水资源初始分配方案基础上，对黑河中游地区水资源进行空间优化配置。研究表明，缺水区域（城郊蔬菜种植区）通过水权交易，可用水量增大，农业规模扩大，农业收入增加；盈水区域（制种玉米和棉花种植区）通过优化种植结构，水权交易，获得利益补偿，收入增加。

关键词：黑河流域　初始水权　空间优化配置　分布式水资源经济模型

Spatial Allocation of Water Resource Based on Distributed Water Resource Economic Model in Heihe River Basin, Gansu Province, China

Wang Xiaojun, Shi Minjun

Abstract: After water reallocation plan since 2000, water available for the middle stream of Heihe river has decreased. And water supply and demand contradiction are becoming increasingly acute. Water resource spatial planning management can ease water demand contradiction and also increase regional economic interests and farmers' welfare. In our paper, on the basis of in the initial allocation of water resources program, we optimize water resource allocation in the middle stream of Heihe river basin. Water resource spatial allocation taking

---

[①] 科技部"973"项目："干旱区绿洲化、荒漠化过程及其对人类活动、气候变化的相应与调控"（编号：2009CB421308）。

[②] 石敏俊，通信地址：北京市海淀区中关村东路 80 号 6 号楼 207；邮编：100190；电话：010-82680911；邮箱：mjshi@gucas.ac.cn。

into account the fairness, effectiveness, and sustainability principles, and taking into account transaction costs, water resource spatial allocation is implemented within Irrigation region, inter-Irrigation region, County level in order. The Intake area pays a certain benefits compensation to the diversion area. Through farming structure optimization and water trading, in Water-deficient area (suburban vegetable cultivation area), along with water availability increasing, agriculture and income increase. in Water-plentiful area (seed corn and cotton cultivation area), benefit compensation is obtained and income increase.

Key words：Heihe river basin　Water trading　Spatial allocation of water resource　Distributed water resource economic model

1　引言

水资源合理配置是实现区域经济与环境可持续发展的前提和关键。《全国水资源综合规划大纲》指出，水资源配置应遵循公平、有效性、可持续性原则。公平原则以满足不同区域间（上下游、左右岸）和社会各阶层间不同公民的用水权益为目标。有效性原则强调水资源利用的边际效益在各区域、各部门中相等，以获取最大的经济利益。可持续原则可以理解为代际间的资源分配公平性。公平和效率原则在大多数情况下是自相矛盾的。要强调公平就很难满足提高效率的要求；如果一味强调效率优先，就很难做到公平，特别是以农业为主导的地区很难获得基本的用水保障，也就是"被效率"了[1]。在当前研究中，强调效益配置原则的方法有水资源边际效益均衡[2,3]、区域点影子价格相等[4]、水资源利用效益导向[5]。强调公平配置原则的方法有区域缺水率[6]、同倍比配水、按权重配水和用户参与配水[7]。基于水资源配置的公平、有效性、可持续原则，国内外在水资源的配置机制和方法上也进行了广泛而深入的探讨和研究。国际上水资源配置行为所依赖的内在机制有：以边际成本定价进行的水资源配置、以行政管理手段进行的公共（行政）水资源配置、以水市场运行机制进行的水资源配置和以用户进行的水资源配置等四个方面，对应的水资源配置模式有市场配置、行政配置、用户参与式配置以及综合配置[8]。一般来说，基于边际成本定价和市场机制进行的水资源配置注重效率原则，而基于行政管理和用户参与的水资源配置注重公平原则。国内水资源配置以行政指令为主，强调定额配给，实施取水许可制度，实际执行中强调"水权分配"与"分水协议"的实施保障，侧重水资源分配的公平原则。事实上，基于行政管理的水资源初级分配，在建立完善的交易规则和制度的条件下，可进行水资源的二次分配，水量充裕的地区将其拥有的取用水水量份额中的一部分进行水权交易，有偿转让给水资源紧缺的地区。基于行政管理手段的初级分配应尊重水资源的使用历史，保障区域间的公平合理，而基于市场管理手段的二次分配通过有效的补偿和激励机制提高水资源的利用效益，采用行政和市场配置相结合的手段，能够提高水资源配置整体效率。

本文基于分布式水资源经济模型，在保障生态重建需水配置、地区经济利益最大化的目标下，对黑河干流中游地区水资源进行了空间优化组织，并且提出了具有可操作意义的水资源高效配置模式。

2 研究区水资源概况

黑河流域是我国西北地区第二大内陆河流域，发源于青海祁连山中段，流经青海、甘肃、内蒙古三省份，最后消失于内蒙古额济纳旗居延海，横跨山区、绿洲、荒漠等不同自然地理类型区。中部走廊平原区降水量由东部的250mm向西递减为50mm以下，蒸发量则由东向西递增，自2000mm以下增至4000mm以上。绿洲农业是黑河流域水资源的最大用水部门，也是区域经济发展的支柱产业。张掖市集中了黑河流域80%以上的人工绿洲、92%的人口、83%的GDP和95%的耕地。近年来，张掖绿洲已逐渐成为黑河流域水资源管理的重点区域，一方面，黑河中游水资源的过度开发利用严重影响了下游地区生态环境的可用水资源量；另一方面，在黑河分水方案下，中游地区可用水量减少，水资源供需矛盾日益尖锐。张掖市应当以水资源管理的空间规划为核心，科学谋划区域经济系统发展，以减轻其对下游生态环境的负面影响。

2.1 水资源管理基本单元

黑河流域以莺落峡和正义峡水文站为上下游分界点（图1）。中游地区包括河西走廊平原区的甘州区、高台县、临泽县以及祁连山沿山区的山丹县、民乐县、肃南裕族自治区等。水资源的配置应在流域层面上综合考虑，根据地表径流水流联系特征，黑河中游可分为干流灌区和沿山灌区。黑河干流灌区包括甘州区、临泽县、高台县的15个灌区，其中，高台骆驼城灌区为纯井灌区，其余均为河灌区和混合灌区。干流灌区之间通过水库和水量控制节点工程（引水口门、河道控制断面）可实现水资源上下游调配，各灌区水量受黑河干流分水方案的影响。沿山灌区包括甘州安阳、花寨子灌区，高台新坝、红崖子灌区以及山丹、民乐、肃南裕族自治区的全部灌区。沿山灌区之间没有地表径流水流联系，均为自流灌区，各个灌区自成独立系统，灌区水量主要受天然径流来水量影响。本文研究的水资源空间优化配置集中于黑河干流灌区。

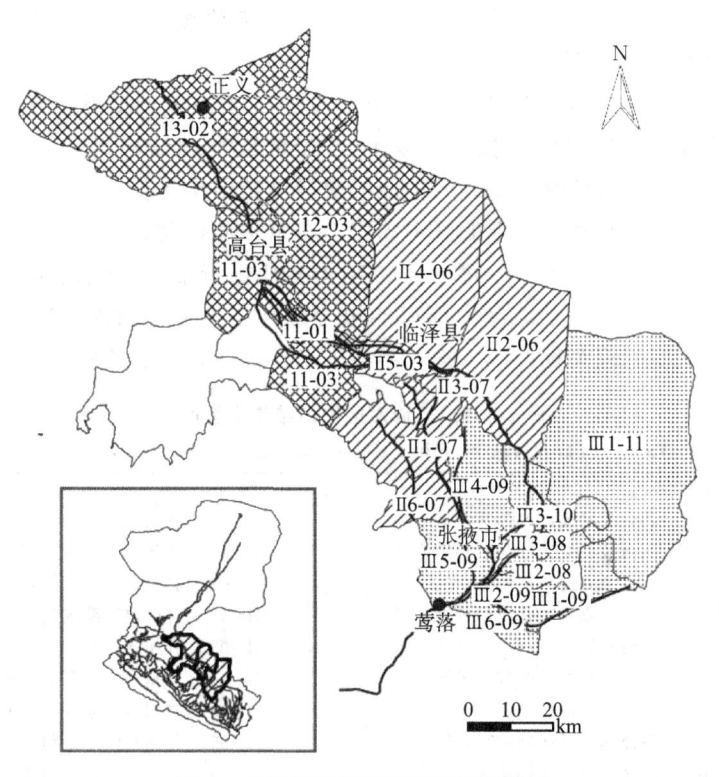

图 1 黑河干流灌区种植结构类型区

Fig. 1 Farm type zone in Heihe main river irrigation district

从行政管理上来看，黑河流域水资源的管理与分配是自上而下层层进行的。张掖市水务局负责黑河中游三县区水资源分配计划以及跨县区的水量调度。各县级水务局管理其辖区内灌区水管所。灌区水管所负责灌区内水资源的合理调配和取水实施监督，灌区内再分设水站，负责辖区内水资源的统一管理。再下一级的农民用水协会则负责分水到户，协调处理各用水户之间的水事纠纷。一般来说，灌区水管所与乡镇行政单元对应，灌区内水站与村级行政单元对应，农民用水协会与农业生产队对应。灌区是水资源管理和分配的基本单位。

农业结构和农业生产技术的选择具有空间差异性：①近郊区由于交通便利

和市场邻近优势,可以发展高附加值的蔬菜种植,如甘州盈科灌区蔬菜种植区、临泽沙河灌区蔬菜种植区以及高台巷道灌区蔬菜种植区。②绿洲面积连片的地区,适合形成规模农业,订单式管理的制种玉米是黑河流域最重要的经济作物。2010年,张掖市制种玉米面积占全国1/5,产量占1/4,是全国最大的杂交玉米制种基地。③沿山灌区气候温凉,绿洲分散,以小麦、玉米种植为主,如高台友联灌区玉米区。根据农业结构的空间差异,我们将黑河干流中游灌区划分为10个不同的农业种植类型区。

在ArcGIS 10.0中将黑河干流15个灌区与10个农业种植类型区进行叠置合并处理,保证灌区边界完整性,生成了20个灌区种植结构类型区(表1和图1),作为水资源管理的基本单元。生成的灌区种植结构类型区包含两方面信息:①灌区信息,作为水资源管理的基本单元,在水资源优化调配中具有可操作性。②农业种植结构特征,为基于灌区经济结构特征进行水资源优化配置提供了基础。经过处理之后,一个灌区内部可能包含两种以上的作物类型区,如高台友联灌区包含了城郊蔬菜种植区、棉花制种玉米种植区以及玉米种植区。

表1 黑河干流灌区种植结构类型区
Tab. 1 Farm type zone in Heihe River Main Irrigation District

县区	编码	作物类型区	县区	编码	作物类型区
高台	I1-01	高台友联灌区城郊蔬菜区		III1-09	甘州大满灌区制种玉米区
	I1-03	高台友联灌区棉花制种玉米区		III1-11	甘州大满灌区小麦玉米区
	I1-04	高台友联灌区玉米区		III2-08	甘州盈科灌区城郊蔬菜区
	I2-03	高台六坝灌区棉花制种玉米区		III2-09	甘州盈科灌区制种玉米区
	I3-02	高台罗城灌区棉花玉米区	甘州	III3-08	甘州乌江灌区城郊蔬菜区
临泽	II1-07	临泽沙河灌区制种玉米区		III3-10	甘州乌江灌区沿山水稻区
	II2-06	临泽板桥灌区棉花区		III4-09	甘州西干灌区制种玉米区
	II3-07	临泽鸭暖灌区制种玉米区		III5-09	甘州甘浚灌区制种玉米区
	II4-06	临泽平川灌区棉花区		III6-09	甘州上三灌区制种玉米区
	II5-06	临泽廖泉灌区棉花区			
	II6-07	临泽梨园河灌区制种玉米区			

2.2 基于水权面积的黑河中游水量初始分配

由国务院制订的黑河省际"九七"分水方案,提出"在莺落峡多年平均来水15.8亿m³时,正义峡下泄水量9.5亿m³"。黑河中游张掖市可用水量从分水前近9亿m³缩减至6亿m³左右。

由张掖市人民政府批准的《黑河干流甘临高三区(县)水资源合理配置方案》和《多年平均情况下三区(县)地下水配置方案》是黑河中游地表水和地下水在甘临高三县区间水量调配的基本依据。在此方案基础上,我们对水资源在部门间进行了次级分配。水资源在部门间的分配,首先考虑生活用水,其次是生态建设保障用水和工业用水,最后是不同保证率下(丰枯年)农业用水量。分配比例参考近10年张掖市各县区用水指标数据,其中,生活用水占1.8%,生态用水占10.1%,工业用水占2.1%,农业用水占86%。

农业用水在空间上的次级分配,即黑河干流灌区间的分配,是基于水权面积进行的。水权面积的形成过程在不同县区存在差异,民乐县洪水河灌区水权面积的形成与20世纪60年代各乡村集体播种面积以及分摊建设的水利工程相关[9]。甘州水权面积的确定依赖于多年形成的有效灌溉面积。水权面积一经确定,很少发生变化。基于水权面积的水量分配,尊重水资源使用历史,保障区域间公平合理。参照灌区水权面积和现状年(2008年)各灌区引水量比例,我们对甘、临、高三区(县)水资源配置方案中农业用水进行了灌区层面的次级分配,最终得到不同保证率下各灌区地表引水量和地下水允许开采量。灌区内不同种植类型区农业用水量根据"定额管理"方案下需水权重进行分配。水资源的初始分配基于合理配置方案下的多年平均地表水量以及地下水允许开采量,而非现状年各灌区引水量。现状年处于丰水年,基于轮水制的水量分配管理较粗放,执行"定额管理"不彻底,"总量控制"不严格[10],地下水开采量已严重超过地下水可允许开采量,甘州、临泽超额开采地下水2480万 m^3。水资源的空间优化配置不应以现状年为基准,而应回到合理规划方案下的多年平均水平上,并且以多年平均水平为基准进行水资源优化配置。

2.3 水资源供需分析以及存在的问题

由作物种植面积分别乘以作物需水定额和作物亩均实际灌溉量,可得到20个灌区种植结构类型区总定额需水量和总实际需水量。作物需水定额是各县区"定额管理"计划中提出的农业用水定额指标,作物实际灌溉量是2008年对流域570户典型农户调查数据。通过对20个灌区种植结构类型区总定额需水量和实际需水量进行对比分析后发现(表2),各灌区实际需水量均大于总定额需水量,这说明,黑河分水后,"总量控制、定额管理"的水资源管理政策实施并不严格。一旦政策收紧,水资源严格按照定额管理执行,那么按照现状年下用水需求习惯,农业必将受到很大影响,因此现状年下势必要提倡减少水资源灌溉浪费,引进节水灌溉技术,积极推进农业结构调整。用多年平均(50%保证率下)引用水量与实际需水量进行对比分析发现,黑河中游缺水严重,整体缺水率达16%,但不同灌区存在很大差异,水资源供给与需求空间分布不对称(表2)。甘州缺水率高于临泽、高台,蔬菜种植区缺水率高于其他种植区,黑河干流上游、下游灌区水量盈余,而中游灌区水量严重不足。水资源供需空间分布不对称,主要原因包括:①基于水权面积的水量分配与实际播种面积不相符,临泽、高台水权面积大于有效灌溉面积,甘州水权面积基本等于有效灌溉面积,因此,甘州缺水率高于临泽、高台。②种植结构差异导致,城郊蔬菜种植区耗水量大,棉花种植区耗水量相对小得多。应当积极调整作物种植结构,提高水资源利用效益。③绿洲面积分散的沿山灌区,耕地面积开垦有限,水量存在盈余。水资源在灌区间还存在优化组织的空间,水市场和水权交易的建立具备一定条件。

表2 水资源供给与需求分析
Tab. 2 Analysis of water resource supply and requirement

灌区种植结构类型区	总定额需水量 /$10^4 m^3$	总实际需水量 /$10^4 m^3$	90%	75%	50%	25%	10%	与多年平均相比缺水率/%
甘州大满灌区制种玉米区	7075	12664	10282	10282	10088	10020	9777	−20
甘州大满灌区小麦玉米区	11	19	9	9	9	9	8	−54
甘州盈科灌区城郊蔬菜区	7245	15447	7277	7277	7146	7100	6935	−54
甘州盈科灌区制种玉米区	1900	4050	1908	1908	1874	1862	1818	−54
甘州乌江灌区城郊蔬菜区	1134	2070	1074	1074	1049	1041	1011	−49
甘州乌江灌区沿河水稻区	4210	7687	3988	3988	3898	3866	3753	−49
甘州西干灌区制种玉米区	4726	8272	9083	9083	8894	8828	8591	8
甘州甘浚灌区制种玉米区	3002	4887	5072	5072	4909	4852	4650	0
甘州上三灌区制种玉米区	2640	4410	6554	6554	6344	6270	6008	44
临泽沙河灌区制种玉米区	2022	3399	1963	1963	1930	1921	1874	−43
临泽板桥灌区棉花区	2509	3344	4495	4495	4358	4320	4121	30
临泽鸭暖灌区制种玉米区	1699	2204	2663	2663	2592	2573	2471	18
临泽平川灌区棉花区	2622	3910	4695	4695	4614	4592	4474	18
临泽廖泉灌区棉花区	2058	3191	3277	3277	3213	3196	3103	1
临泽梨园河灌区制种玉米区	5164	9464	7922	7922	7704	7645	7328	−19
高台友联灌区城郊蔬菜区	3275	4257	4164	4164	4210	4129	3919	−1
高台友联灌区棉花制种玉米区	5299	6888	7016	7016	7094	6957	6604	3
高台友联灌区玉米区	2606	3387	3206	3206	3211	3201	3176	−5
高台六坝灌区棉花制种玉米区	2479	3189	2135	2135	2149	2124	2058	−33
高台罗城灌区棉花玉米区	1448	1628	2282	2282	2307	2264	2152	42

3 模型构建和情景设计

3.1 分布式水资源经济模型

分布式水资源经济模型是在人地关系行为机制模型(bio-economic model,BEM)的基础上集成水资源模块构成的。BEM作为求解农业资源最优化配置的数理规划模型，目标函数为农户净收益最大化，约束函数为土地、劳动力、资金以及人类营养需求等约束下的农业投入产出函数以及消费需求函数。针对不同类型的农业系统，BEM 探讨了农业政策变化及农业技术革新对农业生产以及生态环境的作用机制。BEM 数据基础包括农业投入产出参数数据库和资源约束数据库，参数数据库来源于农户调查，资源约束数据库来源于统计数据。

水资源模块以农业灌溉约束函数内嵌于 BEM 中，水资源对绿洲农业经济的影响作用是通过供给和需求两个途径实现的。水资源需求数据来源于农户调查中得到的不同作物实际灌溉量，水资源供给数据通过上述基于水权面积的水资源初始分配得到，包括灌区地表引水量、地下水允许开采量、总用水量以及水资源渠系利用系数等。灌区水资源数据库含有地理空间信息。BEM 集成水资源模块后构成的分布式水资源经济模型，能够将微观层面的经济行为模型集成到区域层面分析的框架下，为水资源空间管理决策提供依据（图2）。有关模型构建和假设可参考相关文献[5, 11, 12]。

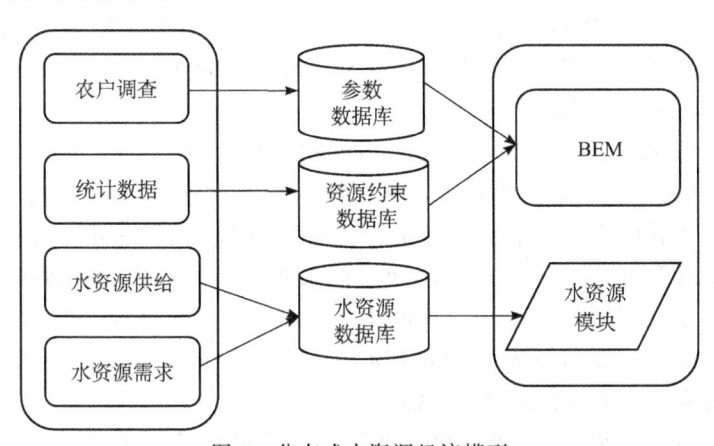

图 2　分布式水资源经济模型
Fig. 2　Distributed water resource economic model

3.2　情景设计

基准情景：多年平均水平下，农户追求经济利益最大化行为方式和种植结构选择。

情景1：目标函数为农户利益最大化，在其他资源（如土地资源、资金、劳动力资源等）约束下，反推水资源约束的外边界，即为了实现灌区利益最大化的理论需水量，此时，水资源不再是制约灌区经济发展的最强约束，从而转向了其他资源约束，如土地面积、劳动力等。

情景2：在情景1的基础上，以效益为原则，将水资源在不同空间尺度上进行配置，并且设置水权交易补偿机制。水资源交易水价为现行农业水价（0.067元/m³）的3倍，无交易条件和未实现交易的节约水量，由政府水管单位按照基本水价的120%回购。通过情景1和情景2对比分析水资源空间配置前后，农户收入变化和农业结构变化。

4 水资源空间优化配置及其配置效应

4.1 水资源空间优化配置方案

基准情景：农户追求短期经济收益最大化，通过优化配置农业资源，尤其是水资源，在我国西北干旱区，水资源的约束往往比其他资源（如土地资源）更强，作物种植结构由水资源效益低的组合转向了水资源效益高的组合，农业需水总量为72 931万 m³，小于多年平均可供引水量84 219万 m³（表3），灌区缺水程度得到了一定改善，有些灌区甚至出现了盈余水量，该类灌区即将作为水资源优化配置的引水区。

模拟情景1：通过分布式水资源经济模型模拟可以得到，在现有农业资源（土地、劳动力、资金等）约束下，甘、临、高20个灌区种植结构类型区实现区域收益最大化的理论需水量（表3）。由灌区缺水量可以看出，经过基准情景农业资源优化配置后，一些灌区出现了盈余水量，另一些灌区即使结构优化，依然存在着水资源的严重短缺。水资源短缺灌区有甘州盈科、乌江灌区、临泽沙河灌区、梨园河灌区以及高台六坝灌区，其缺水的重要原因在于高附加值、高耗水的蔬菜作物对水资源的大量需求。

模拟情景2：在模拟情景1的基础上，对水资源进行优化配置，由水量盈余的灌区调水到水量缺乏的灌区，并且建立有偿交易机制，交易水价0.201元/m³，无交易条件和未实现交易的节约水量，由政府水管单位按照0.081元/m³回购。

行政壁垒的存在，提高了交易成本，因此水权交易的空间推进为灌区内—灌区间—县级行政单元层面。灌区内，乡镇（村）层面的水权交易通过农民用水者协会＋用水户完成，农民用水者协会作为农民自愿组织以实现自我管理、自我服务的管水组织，能够发挥自主治理的高效性，避免"搭便车"行为，降低灌溉交易成本。农民用水者协会的职责包括配水到户、协调用水集体户间水权交易、养护配套水利设施等。农民用水协会之间存在相互监督的激励机制，

表3 灌区种植结构类型区水资源空间配置优化方案
Tab. 3 Spatial allocation of water resource of Heihe main river irrigation district

地区	灌区名称	多年平均引水量/10⁴m³	基准情景 需水量/10⁴m³	情景1 需水量/10⁴m³	情景1 缺水量/10⁴m³	情景1 影子价格/(元/m³)	情景1 人均收入/(元/人)	情景2 需水量/10⁴m³	情景2 缺水量/10⁴m³	情景2 影子价格/(元/m³)	情景2 人均收入/(元/人)	农业规模 人均增收/(元/人)	水权交易 补偿/(元/人)
甘州	大满灌区制种玉米区	10 088	9 258	9 258	830	0.10	4 064	9 258	0	0.10	4 088	0	24
	大满灌区小麦玉米区	9	9	9	0	1.65	3 020		0	0.08	3 024	4	0
	甘浚灌区制种玉米区	4 909	3 327	3 327	1 582	0.08	3 553	3 327	0	0.08	3 692	0	139
	盈科灌区城郊蔬菜区	7 146	7 146	11 148	−4 002	0.91	3 525	11 148	0	0.11	3 938	414	0
	盈科灌区制种玉米区	1 874	1 874	2 502	−628	1.01	3 690	2 502	0	0.10	4 026	336	0
	乌江灌区城郊蔬菜区	1 049	1 049	2 019	−970	0.91	3 546	2 019	0	0.12	4 199	652	0
	乌江灌区沿河水稻区	3 898	3 898	6 610	−2 713	1.21	3 260	6 610	0	0.08	3 870	610	0
	西干灌区制种玉米区	8 894	7 624	7 624	1 270	0.08	4 142	7 624	0	0.08	4 196	0	54
	上三灌区制种玉米区	6 344	3 742	3 742	2 601	0.08	3 872	3 742	0	0.08	4 068	0	195
临泽	沙河灌区制种玉米区	1 930	1 930	3 234	−1 304	0.89	2 375	3 234	0	0.08	2 834	459	0
	板桥灌区棉花区	4 358	3 156	3 156	1 202	0.08	3 649	3 156	0	0.08	3 796	0	147
	鸭暖灌区制种玉米区	2 592	2 592	2 625	−33	0.74	3 442	2 625	0	0.08	3 463	20	0
	平川灌区棉花区	4 614	3 705	3 705	909	0.08	3 559	3 705	807	0.08	3 648	0	89
	廖泉灌区棉花区	3 213	3 111	3 111	102	0.08	3 447	3 111	102	0.08	3 459	0	12
	梨园河灌区制种玉米区	7 704	7 704	8 183	−479	0.84	3 830	7 704	−479	0.08	3 830	0	0
高台	友联灌区城郊蔬菜区	4 164	4 053	4 053	111	0.08	4 178	4 053	24	0.08	4 187	0	8
	友联灌区棉花制种玉米区	7 016	5 263	5 263	1 753	0.09	3 506	5 263	0	0.09	3 592	0	87
	六坝灌区棉花制种玉米区	2 135	2 135	2 221	−87	1.29	4 071	2 221	0	0.09	4 108	37	0
	罗城灌区棉花玉米区	2 282	1 355	1 355	928	0.08	2 342	1 355	653	0.08	2 486	0	144
总和		84 219	72 931	83 146	1 073			82 667	1 107				
平均						0.54	3 530			0.09	3 711	316	90

实践中具有可操作性。但在调查中发现，张掖市农民用水协会并未发挥其真正作用，张俊连等研究认为，水源（机井）分散难以控制，外部不经济性是可交易水权中相互监督机制"失灵"的重要原因[13,14]。另外，农民用水协会成员无偿配水，无一定经济收入来源，也是其工作动力不积极的重要原因。灌区间的水权交易，盈水灌区作为引水区，缺水灌区作为受水区，水权交易通过灌区水管所协调完成。灌区水管所负责对无交易条件和未实现交易的节约水量，以高于基本水价的价格回购，收回的水资源以交易价格进行次级分配。灌区间的水权交易存在的问题，即回收的水量没有足够完善的水利设施与之配套，水资源一经初始分配，就很难再进行灵活调配。县区间水资源的上下游调配，由县区及以上水行政主管部门负责调控和实施，并且对引水区实施利益补偿。

根据上述水资源配置原则以及空间推进优先顺序，进行水资源优化配置。灌区内，大满灌区制种玉米区调水 0.2 万 m^3 到小麦玉米区。灌区间，甘州盈水灌区（西干、甘浚、上三）调水 6285 万 m^3 到盈科、乌江灌区；临泽板桥、平川调水 1337m^3 到沙河、鸭暖灌区；高台友联灌区调水 87 万 m^3 到六坝灌区。梨园河灌区作为上游支流灌区，只能由梨园河灌区调水到黑河干流其他灌区，而不能够反向调水。县区间，甘州使用高台农业用水指标 2029 万 m^3，并对其进行利益补偿。剩余 1600 万 m^3 政府以 0.081 元/m^3 的价格回购。通过水权交易，甘州区用水量能够得到基本满足，临泽县除梨园河灌区外，其他灌区不存在水量短缺，平川和廖泉灌区甚至还有部分水量盈余。高台有部分灌区水量盈余。

4.2 水资源空间优化配置效应

4.2.1 水资源影子价格变化

水资源影子价格是对水资源边际收益或农产品的灌溉边际成本的一种估价[15]，是水市场中水资源在均衡意义上的真正价格。缺水率高的灌区，水资源的影子价格高，一般为 0.8~1.0 元/m^3；缺水率低的灌区，水资源影子价格低，一般为 0.08 元/m^3，接近于现行水价 0.067 元/m^3。水资源影子价格反映了水资源区域利用效益，影子价格高，水资源利用效益高。经过灌区水资源空间优化配置，水资源由缺水率低、影子价格低的地方引向缺水率高、影子价格高的地方，区域平均水资源影子价格由 0.54 元/m^3 下降到 0.09 元/m^3（表3）。由水资源的影子价格也可以看出，目前黑河干流灌区水价远低于其市场水价，而这也是造成水资源浪费、水权交易机制失灵的重要原因。

4.2.2 水资源空间优化配置后人均收入和粮食安全

经过水资源空间优化配置后，缺水区域（蔬菜种植区）水资源供需矛盾得到缓和，农业规模扩大，人均增收 316 元/人。盈水区域（制种玉米和棉花种植区），通过水权交易得到了利益补偿，人均增收 90 元/人。整个流域纯收入增加 1.08 亿元，其中，农业规模扩大增收 0.86 亿元，水权交易补偿 0.23 亿元，人均纯收入由 3530 元/人增加到 3711 元/人，人均增收 181 元/人（表3）。

经过水资源空间优化配置后，流域人均粮食产量由 267kg/人增加到 281kg/人，人均粮食产量基本需求 220kg/（人·年），由此可见，黑河干流灌区粮食产量能够满足区域内部消费，粮食安全可以得到基本保障。各灌区种植结构类型区人均粮食产量变化如图3所示，其中，甘州盈科灌区蔬菜种植区和临泽沙河灌区制种玉米种植区，人均粮食产量减少。甘州乌江灌区蔬菜种植区和水稻种植区，临泽鸭暖灌区制种玉米种植区、梨园河灌区制种玉米种植区，人均粮食产量增加。其他灌区基本保持稳定。

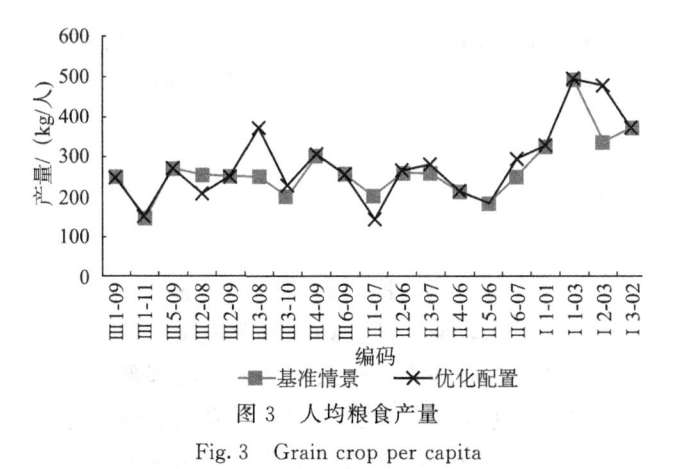

图 3　人均粮食产量

Fig. 3　Grain crop per capita

4.2.3　水资源空间优化配置后作物结构变化

经过水资源空间优化配置后，缺水区域（蔬菜种植区）农业规模扩大，作物种植结构发生变化。总播种面积增加 5814hm^2，其中，制种玉米种植面积增加 4254 hm^2，露地蔬菜种植面积增加 2661 hm^2，大棚蔬菜种植面积减少 451 hm^2，棉花种植面积减少 89 hm^2（图4），粮食作物播种面积保持稳定。随着灌溉可用水量的增加，农业发展制约性资源由水资源转为资金和劳动力，大棚蔬菜初始一次性资金投入 20 000 元以上，并且耗用大量劳动力，因此，城郊区大棚蔬菜面积减少，转为露地蔬菜的种植。由黑河流域作物成本收益分析可知，制种玉米单位面积纯收益 12 500 元/hm^2，棉花单位面积纯收益 8700 元/hm^2，农户放弃棉花种植，改为制种玉米种植。对外输出经济作物制种玉米增加

3620kg，蔬菜增加 16 522kg（图5）。

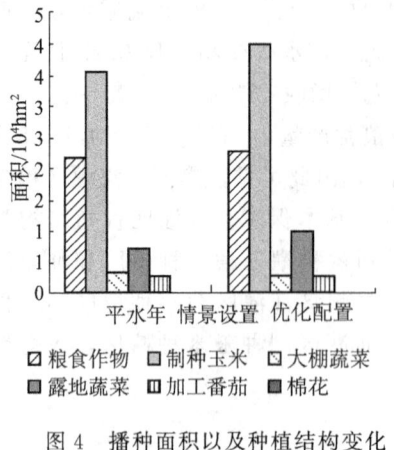

图4　播种面积以及种植结构变化
Fig. 4　Change of crop structure

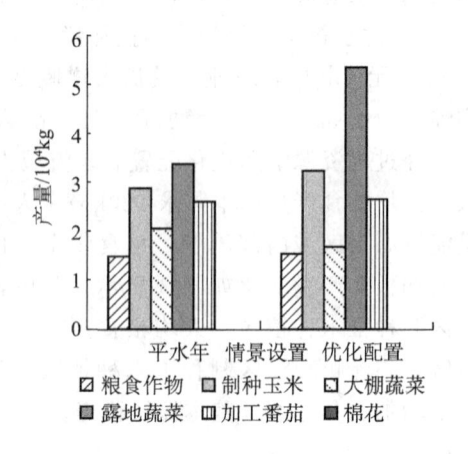

图5　作物产量变化
Fig. 5　Change of crop Production

5　问题与讨论

（1）水资源优化配置中，最难控制的是地下水部分。通过取水许可制度的实施，张掖市已经建立了比较成熟的初始水权分配制度，地表水配额制度执行很好，地下水配额制度却执行很差。张掖市水资源管理部门严格保障黑河"分水协议"的实施，但对地下水监控力度不大。对灌区层面的水资源管理部门来说，地下水的开采，一方面可以缓和地表水严格控制带来的用水矛盾，增加农户收益；另一方面，征收地下水资源费用，是灌区水资源管理部门的经济来源之一。难以形成有效的地下水监督管理制度，阻碍了水市场的形成。

（2）种植结构优化使得灌区缺水程度得到了一定的改善，水量盈余灌区成为水资源空间优化配置的引水区。目前，黑河干流还存在很大的结构优化空间，带来的压水空间，是形成水权交易的基本条件。农户进行种植结构优化的动力一方面来源于对经济利益的追寻，另一方面则是政府积极引导。而水市场的形成反过来也会促使农户积极进行结构优化。

（3）水资源空间优化配置带来区域经济利益的增加，但在实施过程中依然存在着来自于行政、管理和制度方面的多重障碍：①农民用水协会没有发挥其作用；②水价过低，节水成本大于产出，直接导致节水激励机制失灵；③地下水管理监督责权不明。

6 结论

（1）黑河流域基于水权面积的水资源初始分配，供给与需求空间不对称，水资源利用效益低下，基于市场管理手段的次级分配，通过有效的补偿和激励机制，能够提高水资源的利用效益。

（2）现状年（2008年）处于丰水年，因执行"定额管理"不彻底，"总量控制"不严格，地下水超额开采，农业灌溉用水量大，与多年平均存在较大差异，为使研究具有普遍意义，水资源空间配置应首先从现状年回到多年平均水平，并以多年平均水平为基准分别优化管理地表水和地下水。

（3）黑河中游蔬菜种植区缺水率高，水资源影子价格高。制种玉米、棉花种植区水量盈余，水资源影子价格低。通过种植结构优化和水资源空间优化配置，缺水区域可用水量增加，农业规模扩大，吸纳农村剩余劳动力，农户收益增加；盈余区域通过水权交易获得利益补偿，农户收益增加。

（4）水权交易在不同的行政单元层次上可行的操作方法建议如下：乡镇（村）内农户间的水权交易可通过以农民用水协会为主体的用户参与式管理方法完成；灌区间水权交易可通过地方灌区水管所协调完成，灌区水管所负责对无条件交易和未实现交易的节约水量，以高于基本水价的价格回收，并以交易价格进行再次分配；黑河上下游县区间的水量调配由市级水行政主管部门负责调控和实施，并且制定可行的生态补偿交易机制。

参 考 文 献

[1] 许新宜. 关于水量分配原则的几点看法. 南水北调与水利科技，2011，9（2）：15-19.

[2] 龙爱华，徐中民，张志强，等. 基于边际效益的水资源空间动态优化配置研究—以黑河流域张掖地区为例. 冰川冻土，2002，24（04）：407-413.

[3] 王劲峰，刘昌明，王智勇，等. 水资源空间配置的边际效益均衡模型. 中国科学（D辑），2001，31（05）：421-427.

[4] 彭新育，王力. 农业水资源的空间配置研究. 自然资源学报，1998，13（03）：222-228.

[5] 石敏俊，陶卫春，赵学涛，等. 生态重建目标下石羊河流域水资源空间配置优化——基于分布式水资源管理模型. 自然资源学报，2009，24（07）：1133-1145.

[6] 李扬，秦大庸，于福亮，等. 黑河中游地区水资源优化配置模型研究. 人民黄河，2008，(08)：72-79.

[7] 王道席，王煜，张会言，等. 黄河下游水资源空间配置模型研究. 人民黄河，2001，

23 (12): 19-21.
- [8] 王浩, 王建华, 秦大庸. 流域水资源合理配置的研究进展与发展方向. 水科学进展, 2004, 15 (01): 123-128.
- [9] 李甲林. 洪水河灌区水权面积的形成与演变. 中国农村水利水电, 2002, (8): 4-5.
- [10] 石敏俊, 王磊, 王晓君. 黑河分水后张掖市水资源供需格局变化及驱动因素. 资源科学, 2011, (08): 1489-1497.
- [11] 石敏俊, 王涛. 中国生态脆弱带人地关系行为机制模型及应用. 地理学报, 2005, (01): 165-174.
- [12] 石敏俊, 程淑兰, 张巧云. 中国北方沙漠化地区生态重建的环境政策研究——基于Bioeconomic Model. 自然资源学报, 2006, (03): 465-472.
- [13] Zhang J, Zhang F, Zhang L, et al. Transaction costs in water markets in the in water markets in the Heihe river basin in northwest China. International Journal of Water Resources Development, 2009, 25: 1, 95-105.
- [14] 张俊连. 可交易水权制度中相互监督机制. 中国农村经济, 2007, 9: 53-59.
- [15] 张屹山. 影子价格的经济含义及应用. 吉林大学社会科学学报, 1990, (02): 78-83.

上海市老式坐便器节水配件改造项目节水效益评估的案例研究①

□ 李 爽 张海迎 李 青 韩玉娇 周 婕 张 勇②
（华东师范大学环境科学系）

摘要：节水具有显著的经济、社会和环境效益。本文以上海市居民小区老式坐便器水箱配件节水改造项目为例，探讨了三个效益的评估方法。在计算节水项目资金投入、改造工程量、估算节水量、减排量的基础上，采用效益费用分析方法评价了节水经济效益，采用问卷调查方法评价了节水社会效益，采用定性与定量相结合的方法评价节水环境效益，进而总结了城市节水器具节水效益评估的一般适用方法。

关键词：案例研究 节水效益 评估方法

Cost-Benefit Evaluation of the Transformation Project of Old Water-Saving Tank Fittings of Resident Toilet：a Case Study of Shanghai

Li Shuang, Zhang Haiying, Li Qing, Han Yujiao, Zhou Jie, Zhang Yong

Abstract：As water-saving have significant economic, social and environmental benefits. This paper takes the transformation project of old water-saving tank fittings of resident toilet in Shanghai as an example, discusses the assessment methods of three benefits. On the basis of the calculation of capital investment, the amount of renovation project and the estimation of the amount of saving

---

① 本研究得到教育部哲学社会科学研究重大课题攻关项目"节水型社会建设研究"（项目批准号：11JZD024）资助。上海市水务局、上海市房屋土地管理局、上海市供水管理处、上海协卓工贸有限公司对问卷调查工作给予了支持，被调查的小区居民、小区物业、小区居委会以及改造施工人员仔细填写了问卷，在此表示衷心感谢。

② 张勇，通信地址：上海市普陀区中山北路3663号华东师范大学环境科学系；邮编：200062；邮箱：yzhang@des.ecnu.edu.cn。

water and emission reductions The economic benefits of water-saving are evaluated by benefit-cost analysis, the social benefits are assessed by questionnaire survey and the environmental benefits are evaluated by the combining of qualitative and quantitative methods. Thus, the generally applicable method is summarized for accessing the benefits of urban water-saving devices.

Key words: Case study   Efficiency of water-saving   Assessment method

节水具有显著的经济、社会和环境效益。开展节水项目费用效益评估有助于科学、全面、准确地评价节水项目的经济、社会、环境效益，提高政府、企业和群众节水的积极性，改进和完善节水减排政策，推动国家节水型社会建设[1]。目前，国内节水评估通常以农业节水效益评估[2,3]、水利工程项目效益评估、城市节水规划[4]、中水回用[5,6]以及雨水收集利用[7,8]效益评估为主，较少涉及城市节水器具改造项目的效益评估。因此，本文以上海市居民小区老式坐便器水箱配件节水改造（以下简称"节水改造"）效果评估为例，进行节水效益评估方法及案例的研究分析，分别采用效益费用分析方法、问卷调查方法等分别对城市节水器具改造项目的经济效益、社会效益以及环境效益进行评估，进而总结了城市节水器具节水效益评估的一般适用方法。

1　上海市老式坐便器节水配件改造项目概述

1.1　节水改造的背景

节水改造是上海市政府的一项政府实事工程。上海市水务局从 2002 年起根据国家计划委员会、国家经济委员会和国家建设部等部门发出的有关改造城市房屋卫生洁具的通知和淘汰上导向直落式便器水箱配件的规定，免费对中心城区 1996 年前建造的居民小区的老式坐便器水箱配件进行了更新改造。至 2010 年年底，相继在中心城市和部分郊区完成了约 24 万套老式坐便器水箱配件的改造，使其用水量从 13L 以上降低为 9L 左右。

1.2　节水改造的资金投入和工程量

上海市政府对该项目累计投资 14 162 928 元，用于改造的配件、安装、维修、宣传、配合工作以及招投标等各项工作（图1），平均每套改造投资59.3元。项目每年改造的数量根据市政府投入的资金以及小区居民的改造意愿进行改造，2002~2010年，累计改造老式抽水马桶配件238 862套，年度改造数量见图2。项目涉及全市中心城区和部分郊区的2000多个老式居民小区，约24万户居民从中直接受益。由于改造工作免费开展、效果良好、管理规范、服务到位，受到广大小区居民的欢迎，并被中央电视台、《解放日报》、新华网等新闻媒体广泛报道，取得了良好的社会反响。

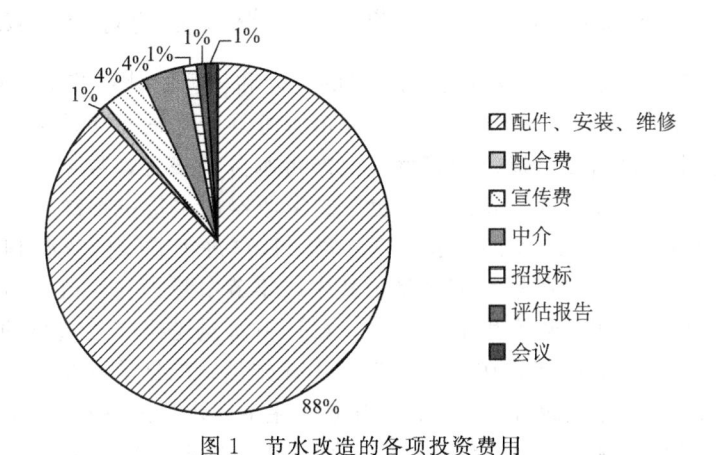

图1 节水改造的各项投资费用

Fig.1 The water saving transformation costs

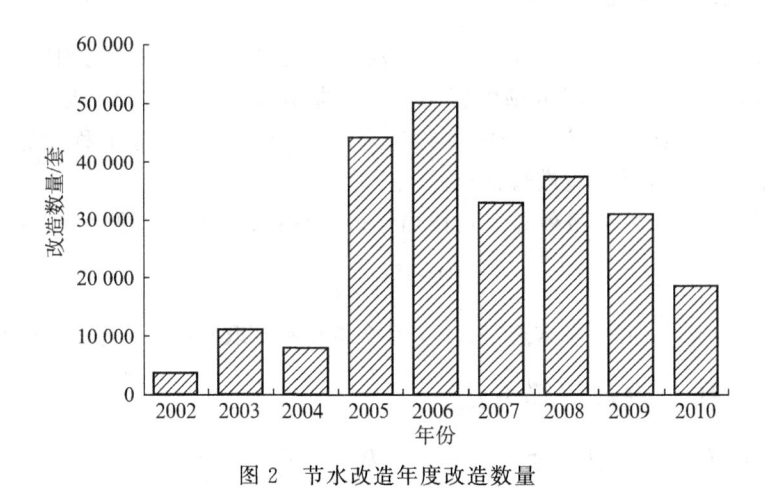

图2 节水改造年度改造数量

Fig.2 The number of each year of water saving transformation

2 节水效益评估方法

节水效益涉及经济、社会、环境多个方面，其评估方法的选择应具有多样性、针对性和综合性。本项目主要是针对节水器具改造的实际情况，在经济效益评估中以效益费用方法为主，社会效益评估以问卷调查方法为主，环境效益评估则以定量和定性相结合的方法进行分析。

2.1 节水改造的工程量、节水量、减排量的计算方法

节水改造的工程量、节水量、减排量的统计和核算是计算节水效益的基础。具体计算方法如下：①工程量。按照上海市水务局统计的每年改造数量加和得出。工程量原始数据由改造公司统计，上海市水务局核定，数据具有较高的可靠性和权威性。②节水量。节水改造使老式坐便器用水量由每次 13L 下降为每次 9L，按照每天冲厕 10 次的经验数据计算，每户每年节省自来水 $14.6m^3$，由此可算出当年的节水量和累计节水量。其中，年节水量为当年改造量的节水量加上之前的改造量在当年产生的节水量，累计节水量是当年改造量的节水量加上之前改造量从改造起到现在的节水量。③减排量。根据节水量，按生活污水排放系数 0.9 计算年度减排量和累计减排量。生活污水排放系数 0.9，是根据上海市城市生活污水计算方法，污水量按所使用自来水量的 90% 计算。

2.2 经济效益估算方法

经济效益评估采用效益费用分析方法。直接经济效益为居民因节省水量而减少的自来水花费，采用市场价值法计算，即节省的自来水量乘以综合水价计算得到。间接经济效益表现为因节约自来水而少建的水资源工程设施的投资，可按照相关的调查及经验进行估算。

不同年度的节水经济效益，均按当年价格折算为 2010 年现值。公式为

$$PV = \frac{C}{(1+r)^t}$$

式中，PV 为现值；C 为期末金额；r 为社会折现率（取 6%）；t 为投资期数。

2.3 社会效益估算方法

采用问卷调查方法，通过设计、发放、回收，针对小区居民、部门人员、改造人员及居委会的四类不同问卷，评估小区居民对节水改造的满意度以及相关参与人员的意见和建议。

3 评估过程与结果分析

3.1 工程量、节水量、减排量的评估

据统计，项目至 2010 年累计节约自来水量为 1498 万 m^3，累计减排污水量为 1349 万 m^3。每年节约的自来水量和减排污水量与当年的改造数量相关，详见图 3 和图 4。

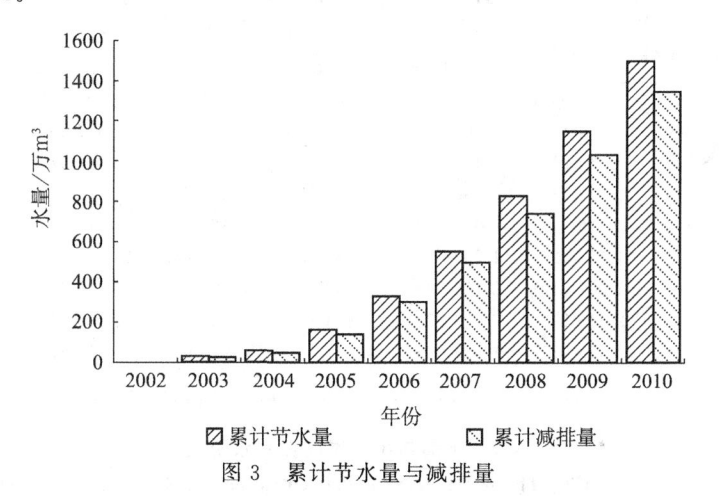

图 3 累计节水量与减排量

Fig. 3 The total amount and water saving reduction

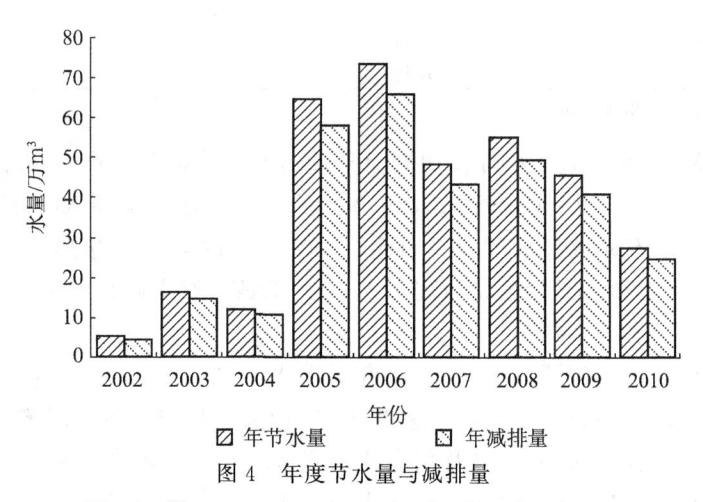

图 4 年度节水量与减排量

Fig. 4 The water quantity and reduction of each year

3.2 经济效益评估

(1) 按照上海市历年的综合水价估算,项目累计直接节省水费 2918 万元,见表 1。按照 6% 的社会折现率[9,10]折现到 2010 年,累计节省水费 3143 万元,直接效益费用比为 1.9。表 1 为 2002～2010 年改造统计综合表。改造期间的水价见表 2。

表 1 节水改造综合统计表
Tab. 1 Water saving transformation comprehensive statistics

年份	改造数量/套	每年投资/元	每年投资折现/元	年节水量/m³	累计节水量/m³	累计节省水费/元	年节水费贴现/元
2002	3 700	2 900	4 622	54 020	54 020	99 397	1 142 200
2003	11 300	776 138	1 167 025	164 980	273 020	502 357	3 004 507
2004	8 214	285 511	405 003	119 924	611 944	1 125 978	1 852 192
2005	44 430	2 217 113	2 966 997	648 678	1 599 547	2 943 166	8 325 514
2006	50 350	2 416 279	3 050 497	735 110	3 322 259	6 112 957	7 624 746
2007	33 211	1 653 924	1 969 850	484 881	5 529 852	10 174 928	3 902 946
2008	37 600	1 901 916	2 136 993	548 960	8 286 405	15 246 986	3 215 711
2009	31 114	2 855 212	3 026 525	454 264	11 497 223	21 154 890	1 721 844
2010	18 943	2 053 935	2 053 935	276 568	14 984 608	29 175 876	636 106
合计	238 862	14 162 928	16 781 446				31 425 765

表 2 上海市中心城区自来水价表
Tab. 2 The water price of the central city of Shanghai (单位:元)

时间	自来水价	排水价	综合价
2001.12～2009.06	1.03	0.90	1.84
2009.07～2010.11	1.33	1.08	2.30
2010.12 至今	1.63	1.30	2.80

资料来源:上海市水务局。

(2) 根据项目调查,配件使用寿命平均为 8 年,据此计算,从 2011～2018 年仍能节水 16 401 859m³,按 2.80 元/m³ 的水价、6% 的贴现率,折算到 2010 年可产生 3823 万元的经济效益。因此,2002～2018 年的直接经济效益合计为 6965 万元,直接效益费用比将达到 4.2。表 3 为改造结束后 8 年间的节水量和经济效益。

(3) 经统计,该项目 2002～2018 年共节水 31 386 466.8m³,按 17 年计算,年平均节水量为 1 846 262.8m³,这相当于市政府又投资兴建了同等规模的一座自来水厂、一座污水处理厂以及相应的水源地取水、供水管网配套设施,项目在 2002～2018 年节水改造工程的节水能力变化见图 5。按平均每立方米政府投资 10 元估算,为市政府节约相应投资约 1846 万元。因此,项目总经济效益将达到8811万元，效益费用比为5.3。

表3 2011～2018年节水改造节水量与经济效益分析
Tab. 3 The saving water quantity and economic benefit analysis of water saving transformation between 2011 and 2018

年份	年节水量/m³	年节水费/元	年节水费贴现/元
2011	3 433 365	9 613 423	9 069 267
2012	3 268 385	9 151 479	8 144 783
2013	3 148 461	8 815 690	7 401 824
2014	2 499 783	6 999 392	5 544 174
2015	1 764 673	4 941 084	3 692 265
2016	1 279 792	3 583 418	2 526 168
2017	730 832	2 046 330	1 360 926
2018	276 568	774 390	485 862
总计	16 401 859	45 925 205	38 225 269

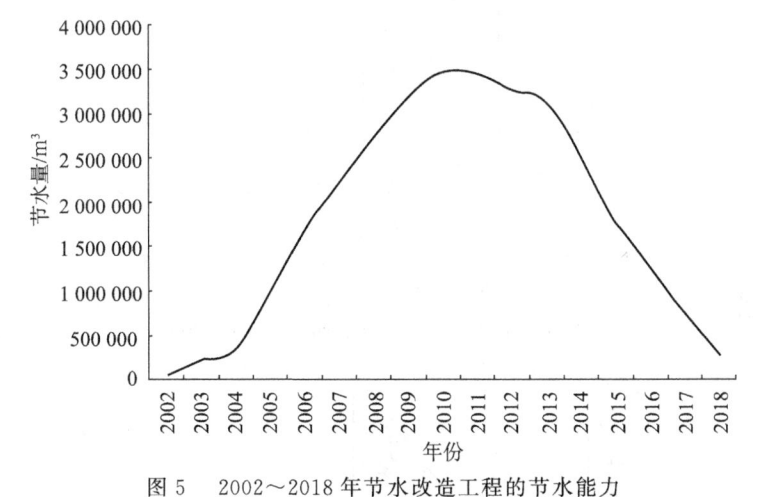

图5 2002～2018年节水改造工程的节水能力
Fig. 5 The water-saving capacity of water saving transformation

3.3 环境效益评估

节水改造项目至2010年年底累计减少自来水用水量14 984 608m³，按上海市地表水取水、制水、输配水后供应到用户的自来水的损失率为20%计算，则项目减少了18 730 760m³ 地表水取水；同时，项目累计减少排放的污水量为13 486 147m³，按上海市污水处理厂平均出水COD浓度达到一级B排放标准50mg/L计算，则减少了COD排放量674.3t。可见，项目在减少水资源使用、减少污水排放、减少污染物排放上具有明显的环境效益。

3.4 社会效益评估

采用问卷调查方法对项目社会效益进行评估,其重点是评估项目的小区居民的满意度。调查对象为 2002~2010 年改造过的老式小区的居民,其中有 88.4% 的住户人均建筑面积为 10~25m², 89.3% 的住户每两个月的水费在 20~70 元(表4),频数分布图见图6、图7。可见,被调查项目的受益居民是典型的上海城市中低收入人群。共发放问卷 10 000 份,回收问卷 9214 份,其中有效问卷 8881 份,有效问卷率达 96.4%。

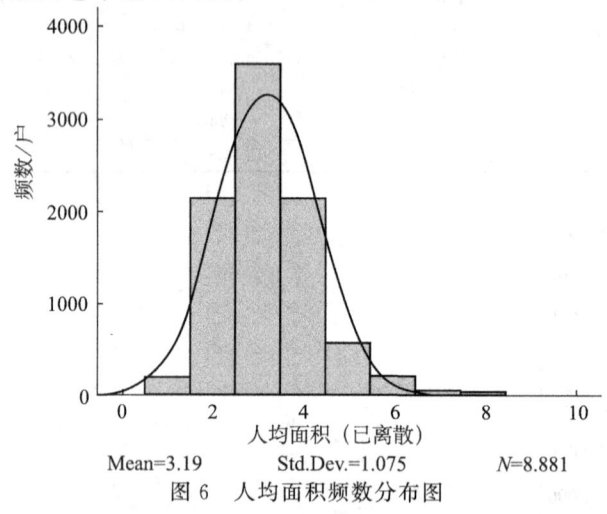

图 6 人均面积频数分布图

Fig. 6 The area per frequency distribution

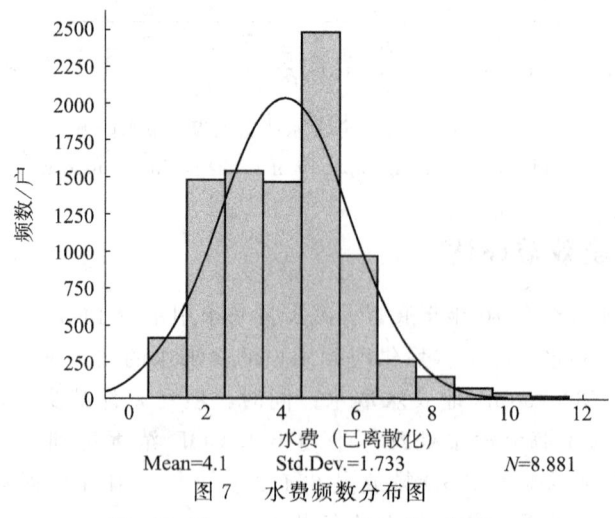

图 7 水费频数分布图

Fig. 7 The water frequency distribution

表 4 住户面积与水费频数分布
Tab. 4 Per capita area and water price frequency distribution

面积区间分布/m²	频数/户	百分比/%	累积百分比/%	水费区间分布/元	频数/户	百分比/%	累积百分比/%
<10	185	2.1	2.1	<20	408	4.6	4.6
10~15	2139	24.1	26.2	20~30	1478	16.6	21.2
15~20	3593	40.5	66.6	30~40	1537	17.3	38.5
20~25	2119	23.9	90.5	40~50	1465	16.5	55.0
25~30	562	6.3	96.8	50~60	2482	27.9	83.0
30~35	216	2.4	99.2	60~70	965	10.9	93.9
35~40	35	0.4	99.6	70~80	254	2.9	96.7
40~45	29	0.3	100.0	80~90	150	1.7	98.4
>45	3	0.0	100.0	90~100	74	0.8	99.2
				100~110	44	0.5	99.7
				>110	24	0.3	100.0
总计	8881	100.0		总计	8881	100.0	

被调查者对项目各项服务的满意度及总体满意度见表5。由表5可见,改造项目抽样调查满意度达到99.70%,改造后的水箱配件基本没有出现问题,即使出现问题大多也得到了快速满意的解决,并且较少再次出现问题。据调查,88%的家庭改造后的水箱配件没有出现问题,12%的家庭配件出现问题,但50%的问题都在一天内得到了解决,另外50%的问题在一周之内得到了解决,94%的家庭未再出现问题。居民对节水改造的宣传、安装以及问题出现后及时解决问题都有较高的满意度。

表 5 节水改造各项服务满意度
Tab. 5 Each service satisfaction of water saving transformation (单位:%)

项目	非常满意	满意	基本满意	不满意	非常不满意
小区宣传	12.57	66.41	20.79	0.24	0.01
预约登记	6.12	72.92	20.51	0.45	0.01
安装服务	8.10	62.33	29.00	0.57	0.01
后续维修	11.11	57.86	30.59	0.41	0.03
总体满意度	6.00	66.00	28.00	0.27	0.03

从社会效益的角度看,到2010年项目直接节水效益3143万元,相当于市政府给予238 862户城市中低收入居民的直接补贴,平均每户131.6元,间接减少了社会的贫富差距。

4 结语

(1) 本次节水改造项目实现了经济、环境和社会效益的共赢,它是以环境效益为目标,争取最大的经济效益和较好的社会效益:①项目经济效益可观。按6%的折现率计算,作为政府项目共投资 16 781 446 元,至 2010 年累计直接节约水费约 31 425 765 元,直接效益费用比为 1.9;预计至 2018 年累计将再直接节约水费约 38 225 269.2 元,直接效益费用比将达到 4.2;间接经济效益是节约自来水而少建水资源工程设施的投资,为 18 462 628 元,则总效益(包括直接效益和间接效益)为 88 113 662.2 元,效益费用比为 5.3,取得了十分可观的效益。②项目社会效益明显。本项目作为上海市政府实事工程,使全市 24 万户老式居民小区的中低收入市民受益,取得了良好的社会反响并获得新闻媒体的广泛报道,抽样调查的居民满意率达到 99.7%。项目节约自来水费约 31 425 765 元,相当于市政府对这些家庭的直接补贴每户 131.6 元。③项目环境效益显著。项目至 2010 年年底减少自来水用量 14 984 608m^3,从而减少地表取水 18 730 760m^3 以及向环境排放生活污水 13 486 147m^3,并减排 COD 674.3t,达到了节约水资源、减排污水和污染物的显著作用。

(2) 开展节水效益评估对节水项目的开展和节水减排政策的改进与完善起着重要的推动作用。本文开展的上海市老式坐便器水箱配件节水改造工作的效益评估,在计算节水项目资金投入、改造工程量、估算节水量、减排量的基础上,采用效益费用分析方法评价了节水经济效益,采用问卷调查方法评价了节水社会效益,采用定性与定量相结合的方法评价节水环境效益,既体现了在定量化基础上的定性分析,也体现在从对节水物质流(工程量、节水量、减排量)的分析转换为对节水价值流(节约水费、虚拟投资、居民补贴)的分析上,从而总结了一种更定量、更综合的节水项目经济、社会和环境效益评估的一般适用方法。

参 考 文 献

[1] 李达,邢智慧,李进,等. 水质型缺水区域节水型社会建设综合评价. 水电能源科学,2009, 27 (4):159-161.

[2] 李清杰,罗玉丽,后同德,等. 引黄补源灌区的节水效益分析. 中国农村水利水电,2001, 9:14-15.

[3] 雷波,姜文来. 节水农业综合效益评价研究进展. 灌溉排水学报,2004, 23 (3):68-69.

[4] 林洪孝. 城市节水规划中节水量及效益的分析与评价. 水利发展研究,2002, 2 (3):26-28.

[5] 樊海鸥,王桂彬. 中水回用在北京天通苑住宅小区的应用. 山西建筑,2009, 35 (21):178-179.

[6] 邬扬善,屈燕. 北京市中水设施的成本效益分析. 给水排水,1996, 22 (4):31-33.

[7] 鹿新高,庞清江,邓爱丽,等.城市雨水资源化潜力及效益分析与利用模式探讨.水利经济,2010,1:1-4.
[8] 张书函,陈建刚,丁跃元,等.城市雨水利用的基本形式与效益分析方法.水力学报,2007,10:401-402.
[9] 玉峰,傅莉.关于折现率的选择与计算.中国农业会计,2005,(9):20-21.
[10] 谭运嘉,李大伟,王芬,等.中国分区域社会折现率的理论、方法基础与测算.工业技术经济,2009,28(5):66-69.

基于生态文明的城市综合环境管理长效机制
——以太仓市为例①

□ 徐美玲　包存宽②　何 佳

（同济大学环境科学与工程学院，联合国环境规划署-同济大学环境与可持续发展学院环境管理研究所）

摘要：自20世纪90年代以来，我国陆续开展了一系列环境保护相关的城市示范创建活动。但它们只是在短期内起到了"强心剂"的作用，不能从根本上形成城市环境保护工作的长效机制。而党的"十七大"报告提出建设"生态文明"，无疑是扭转这种局面的最佳契机。本文在分析我国开展过的城市创建活动及存在问题的基础上，从生态文明内涵与建设基本内容出发，探索持续推进地方环境保护工作长效机制，并以太仓市为例，论证其可行性和现实性。

关键字：环保示范创建　生态文明　长效机制

The Long-term Mechanism of Integrated Unban Environmental Management Based On the Eco-Civilization

Xu Meiling，Bao Cunkuan，He Jia

Abstract：China has carried out a series of environmental-protection-related urban demonstration activities since 1990s，which could only be quite effective in short term rather than form a long-term mechanism for unban environmental protection. The construction of "eco-civilization" which was mentioned in the report of 17th Party Congress is undoubtedly a good chance to reverse the

---

① 同济大学文科卓越青年学者培养计划项目（项目代码 0400219147）：引导与约束城市发展的环保机制——基于城市规划、环境规划、规划环评的研究。

② 包存宽，通信地址：上海市杨浦区四平路1239号，邮编：200092，电话：13044673815；邮箱：baock@tongji.edu.cn。

current situation. The article tried to explore a long-term mechanism for the local environmental protection issues based on the analysis of the past several demonstration activities and the problems existed in them, as well as the connotation and content of eco-civilization. At the same time, Taicang City was studied as a case to prove the feasibility of the mechanism.

Key words：Environmental-protection-related urban demonstration activities　Eco-civilization　Long-term mechanism

1　引言

1995 年以来，环境保护部（原环境保护总局）在国内陆续开展了生态示范区（1995 年）、环保模范城（1997 年）、生态省市县（2003 年）、生态文明建设试点（2008 年）等环境保护示范创建活动。其他相关部委也在全国范围内开展了相似的创建活动，如全国爱国卫生运动办公室（简称全国爱卫办）主导的国家卫生城市创建（1989 年）、住房和城乡建设部（简称住建部）部主导的国家园林城市创建（1992 年）以及中央文明办公室（简称中央文明办）主导的全国文明城市创建（2002 年）等。

包括环境保护示范创建活动在内，几乎所有创建活动都是从本部门的角度对城市或区域环境质量、生态保护、园林绿化等的相关内容作出了规定并制定了相应的标准，制定创建考核所需的指标，以这些指标来衡量某一城市在某一年的实际状况，从而判断和决定是否给予城市相应的称号，蕴涵了"运动式开展、打分、挂牌、复查"等关键词；从实践来看，以这些创建活动为抓手，一些地方和城市加大了环境保护工作力度，并在一定程度上抑制了环境恶化趋势，甚至改善了环境质量。但是，这些创建活动一方面在具体内容、考核指标、管理制度等方面都或多或少存在着一定的交叉和重合，且各类创建活动的主导部门和管理主体不同，因此，造成了目前各类创建活动名目繁多，管理混乱的现象；另一方面，这些以运动式开展的各类创建活动，可在短期内起到环保工作"强心剂"的作用，但不能从根本上和长远上扭转我国当前环境质量"局部好转、总体恶化"的局面。

因此，本文在系统分析、全面总结当前开展过的环境保护示范及相关的其他创建活动实践及存在问题的基础上，从生态文明内涵与建设基本要求出发，试图以作为全国生态文明建设试点城市的太仓市为例，探索持续推进地方环境保护工作的环境综合管理长效机制，并论证其可行性和现实性。

2 环保创建活动概述

2.1 各类创建活动回顾

自 20 世纪 90 年代初以来，国家环保部门以及其他相关部委针对城市环境保护相继开展了各类示范创建活动，这些创建活动的情况见表 1。

表 1 各类创建活动对比分析
Tab. 1 Contrast of several important demonstration activities

创建名称	主导部门	启动时间	推出背景	重点创建领域	指标或标准概述	已命名城市情况[a]
全国生态示范区	国家环保部	1995 年	1994 年 3 月 21 日，国务院第十六次常务会议通过《中国 21 世纪议程》，提出可持续发展的战略构想。为贯彻落实可持续发展战略，推动区域社会经济与环境保护协调发展，特别是解决我国广大农村面临的日益突出的生态环境问题	区域环境保护	四类 12 项基本条件和五类 26 项建设指标[1]	除被除名的城市外共有 389 个试点被命名[2]，包括了省、市、县、区各级行政单位和一些农业示范区
国家环保模范城	国家环保部	1997 年	1996 年国务院批准的《国家环境保护"九五"计划和 2010 年远景目标》指出，城市必须走可持续发展之路，并提出："要建成若干个经济快速发展、环境清洁优美、生态良性循环的示范城市"[3]	环境保护和管理	3 项基本条件和四类 27 项建设指标[4]	共有 72 个城市（区）被命名[5]，其中江苏、山东、广东、浙江四省被命名的城市最多，约占总数的 69.4%
国家级生态市（县、区）	国家环保部	2003 年	生态市建设是全国生态示范区建设中区域综合建设的内容，也是全国生态示范区建设的最终目标。2003 年 5 月，国家环保总局发布了《生态县、生态市、生态省建设指标（试行）》[6] 标志着国家级生态省、市、县创建活动正式在国内铺开	环境保护和经济发展	国家级生态县（含县级市）：5 项基本条件三类 22 项建设指标[7] 国家级生态市（含地级行政区）：5 项基本条件和三类 19 项建设指标	共有 11 个城市（县、区）被命名[8]，分别分布在江苏、浙江、广东、北京和上海

续表

创建名称	主导部门	启动时间	推出背景	重点创建领域	指标或标准概述	已命名城市情况[a]
国家卫生城市	全国爱卫会	1989年	1989年国务院发布了《关于加强爱国卫生工作的决定》，要求各级政府要把爱国卫生工作纳入社会发展规划，切实加强领导，使卫生条件的改善及卫生水平的提高与四化建设同步发展	市容环境卫生和病原防治	5项基本条件十类65项条款[9]	全国除西藏外其他省份都已有城市被命名，共计118个[10]。其中江苏、山东、浙江、广东、河南五省"国家卫生城市"数量最多，占到全国的66.4%
国家园林城市	国家住建部	1992年	国家园林城市，是根据中华人民共和国住房和城乡建设部《国家园林城市标准》评选出的分布均衡、结构合理、功能完善、景观优美，人居生态环境清新、舒适、安全、宜人的城市	城区园林绿化、环境保护	八类60项条款[11]	共有181个市（区）被命名[12]，除西藏外各省、自治区、直辖市均有分布，其中江苏、山东、河南、广东、浙江五省的数量最多，占到全国的48.1%
全国文明城市	中央文明办	1995年	早在1995年国内诸多城市就提出了建设全国文明城市的发展目标，并根据中央宣传部当时提出的八个初步要求创建，但是直到2002年中央文明办才研制《全国文明城市测评体系（试行）》，并于2004年正式颁布试行	社会、文化和制度建设	6项基本条件8条标准，9个测评项目35个测评指标[13]	共有24个城市（区）被命名[14]，其中不包括复查未通过的城市（区）
国家森林城市	全国绿化委、国家林业局	2004年	为积极倡导我国城市森林建设，激励和肯定我国在城市森林建设中成就显著的城市，为我国城市树立生态建设典范	城市森林建设和保护	评价指标包括4大项、19个子项[15]	共有30个城市被命名[16]，覆盖了我国14个不同的省、自治区，主要分布在辽宁、内蒙古、浙江、河南等地

a 已命名城市情况的统计截止到2010年12月31日。

2.2 各类创建活动分析

这些创建活动虽然由不同的主管部门主导负责，但它们的一个共同特点就是，都在致力于为居民营造一个健康、舒适、优美的人居环境，只是在标准的设置上都与自身部门的工作内容和特点紧密结合。同时，这些创建活动自启动开始也在不断调整评判的目标和指标，旨在适应我国快速城市化进程中出现的各种新问题，具有一定的与时俱进的时代意义。事实证明，通过这些创建活动，城市从考核的要求出发，落实了相关政策措施，取得了一定的成效，对城市发展遗留下来的环境问题有所改善，并且在试探性地开拓新的发展领域，注入新的发展动力。总结上述各类创建活动，有以下几个特点。

（1）在创建的基本条件上，各类创建活动之间部分存在互为前提、依次递进的关系。例如，国家环保模范城创建的基本条件之一是申请城市已经获得了国家卫生城市的称号；生态市（含地级行政区）创建指标的文件中明确规定，申请城市的中心城市通过国家环保模范城市考核并获命名才可创建国家生态市。

（2）在指标或标准的内容上，包括"国家卫生城市"、"国家园林城市"以及"国家森林城市"在内的六类主管部门不同的创建活动，都包含了环境保护的相关内容。但是由于每个活动的出发点和背景都有所不同，指标的设置也有很大差异。在环保部主导的三个创建活动中，生态示范区建设和生态市（县、区）建设是一脉相承的体系，前者是后者的基础，后者是前者的终极目标，因此在指标的设置上有很大的相似性。但是由于生态市（县、区）建设覆盖的范围更广，内涵更加丰富，因此它在生态示范区建设指标的基础上更为丰富，一些涉及百姓生活的重要指标，生态示范区没有规定，而创建生态市都有具体的规定。环保模范城市的创建相对于上述两项活动则更加突出了"城市"这个关键词，其指标的设置多围绕城市中心城区的环境问题展开，也更加注重各个环境要素相关指标的细化。在其他部门主导的创建活动中，因"国家森林城市"创建有明显的创建载体，因此其指标的重点都在森林的保护和繁育上。而在"国家卫生城市"和"国家园林城市"创建中，环境保护的相关指标分别有六项和七项，其中"全年 API 指数小于 100 的天数"和"区域环境噪声平均值"两项指标重复，但目标设置标准不一。

（3）按照提出的时间序列，各创建活动在指标的要求上有所提高。例如，1997 年的国家环保模范城市创建，其部分指标的目标值在 1989 年国家卫生城市的基础上有所提高，包括"全年 API 指数小于 100 的天数"由大于全年天数的 70% 提高到了 80%，"城市生活污水处理率"由 50% 提高到了 60%；又如 1995 年提出的"全国生态示范区"建设和 2003 年提出的"国家生态省市县"建设，后者指标中的单位 GDP 能耗、森林覆盖率、环境保护投资比例、城镇污水处理率、城镇人均公共绿地面积等指标的目标值也都比生态示范区建设有不同程度的提高。

（4）分析已获得命名的城市，江苏、浙江、山东、广东、河南五省在各类创建活动中占据的城市数量是最多的，只是在排名上略有差异。而这些省份多是国内经济比较发达的地区，这些地方的政府对城市环境问题都有比较深刻的认识，且有相当的经济实力去支撑这些创建活动，对开展各类创建活动比较积极和主动。

2.3 存在的问题

虽然上文提及的各类创建活动为城市环境质量改善作出了一定的贡献，但是这些创建活动也都普遍存在着一些不可忽视的问题。

（1）所有这些创建活动都采用了自上而下的考核形式，从国家的层面上对不同城市进行统一的考核。应该说，城市管理者在城市美化上所作出的努力是否合格，本地居民最有评价权。较之来自上级部门的荣誉，本地民众的认同更应成为城市管理者最优先考虑的选择。这种自上而下的考核形式，与城市发展的规律相违背，而与城市领导者的政绩密切挂钩。因此，难以从根本上改变城市环境质量持续恶化的态势。

（2）在指标的设置上，以国家的角度来对不同城市设置统一的指标值（只有极少数指标有不同地区的差别）是有失偏颇的。因为我国每个地区、每个城市自然条件、所处的发展阶段差异性很大，但是城市要谋求发展，又同时都拥有创建的需求。设置统一的指标，其结果就是，目前国内得到各类创建活动命名的城市多集中在东部、中东部经济发达地区。

（3）在指标的使用上，用"画线打分"的评判形式难免显得过于机械和单一，缺乏全面的比较和衡量；而且一旦都达到标准为城市挂上某一标牌以后，城市环境保护工作缺乏动力，只有隔三差五的复查工作才可能形成一定的激励。但是复查工作的实质只是一个维持现状的过程，且要考虑到其他未创建或正在创建的城市的创建需求，很难在指标值上有一个很大程度的提高，无法在长远的时间跨度内对城市发展起到很好的促进作用。

（4）在行政管理体制上，各个部门都站在自己立场上主导着各自的创建活动。但通过表1可以看到，创建活动在很多目标指标上都有着交叉和重复，且每个创建活动所要达到的要求也不一样，在具体操作时，难免发生分歧，导致执行上的困难，从而削弱了创建活动的有效性。

因此，只有把创建活动内化为城市自身的发展动力，同时有持续的、全面的工作机制，才有可能从根本上改善我国城市的环境问题，提升我国城市的环境质量。

3 生态文明建设下的城市可持续发展之路

3.1 生态文明的概念和内涵

2007年党的"十七大"报告中提出,要建设生态文明,基本形成节约能源资源和保护生态环境的产业结构、增长方式、消费模式。把"生态文明"写入"十七大"报告,既是我国多年来在环境保护与可持续发展方面所取得成果的总结,也是人类对人与自然关系所取得的最重要认识成果的继承和发展。

生态文明是人类文明的一种形态,它以尊重和维护自然为前提,以人与人、人与自然、人与社会和谐共生为宗旨,以建立可持续的生产方式和消费方式为内涵,以引导人们走上持续、和谐的发展道路为着眼点,强调人的自觉与自律,强调人与自然环境的相互依存、相互促进、共处共融。生态文明表达了保护环境、优化生态与人的全面发展的高度统一性,表达了人类社会经济与自然可持续发展的高度一致性。

因此,生态文明建设这个囊括了经济社会和人类发展各个方面的重要命题,完全可以在今后很长一段时间内指导我国的城市发展和环境保护工作,而终结和升华其他各类创建活动。生态文明建设不仅可以摆脱以往各类创建活动名目繁多、指标繁复的问题,也可以站在战略的高度上建立针对城市环境保护的长效工作机制,是城市可持续发展的重要保证。

3.2 基于生态文明的城市综合环境管理长效机制设计

由于生态文明作为一种文明形态,囊括了经济社会和人类发展各个方面的重要命题。如果再由单部门主导、采用示范创建的方式,以及指标考核、挂牌命名等手段来推进,就会违背其本质的东西,像其他环保示范创建活动一样成为环境保护方面的又一个终将会被取代的炒作名词。要切实贯彻党中央关于建设生态文明的方针政策,推进我国城市的可持续发展,保障人民群众的利益,那么就需要基于生态文明的内涵与建设要求,建立城市综合环境管理的长效机制。基于生态文明的城市综合环境管理长效机制主要包括以下三个方面。

3.2.1 建设内容的丰富性

上文提及的各类创建活动,不管是环保部主导的环境保护类创建活动,还是由其他部门主导的相关创建活动,都是以美化城市环境、改善环境质量或推进某部门管辖范围内的相关工作为宗旨,站在自己部门的立场上,相应地增加了生态环境保护的相关内容，既有重合，又各有侧重。

而生态文明的丰富内涵决定了其建设内容的丰富性。传统的、单方面的环境要素保护、环卫基础设施建设或城市景观设计可能满足不了生态文明的建设需求。生态文明是一种综合性社会进步过程，包括城市经济、社会、环境的各个方面，几乎需要囊括上文提及的所有创建活动内容，将其逐一分析、梳理和整合，形成与生态文明内涵相吻合的、全面的建设内容项目。同时，与其他创建活动最大的区别在于，生态文明形态的建立需要与政府部门、企业，尤其是人民群众等各类行为主体意识、行为方式的根本性转变紧密地结合起来。可以说，生态文明建设的成功与否最关键的因素就是生态文明意识体系的建立，所以它是生态文明建设必不可少的内容。

3.2.2 指标设置的差异性

为了避免其他创建活动中出现的考核指标过于统一、无法体现地方特点的情况，以及指标标准值设置没有综合考虑各个地区发展不平衡的现状导致的问题，同时又要解决各个城市的指标过于杂乱，不利于从国家层面上进行比较的难题，在长效机制的设计中，根据指标的具体属性将所有指标划分为绩效指标和参考指标两大类。其中绩效指标用于描述生态文明建设水平的基本指标，具有约束性和控制性；参考指标是在基本指标的基础上拓展而来的附加指标，可以根据城市的不同情况加以选择和使用，从而解决其他创建活动中普遍存在的问题，更完整地诠释生态文明的内涵。辅助基本指标更全面地反映生态文明的建设水平，以科学引导生态文明的建设规划。

3.2.3 指标使用的长远性

生态文明建设的长效工作机制的核心在于对生态文明建设指标的考核方式上。以往的创建活动，其考核方式往往是一个指标对应一个标准值，只有达标和未达标两种情况。这种方法不适合城市的长期发展。而在长效机制的设计中，我们建立的考核指标又将分为绩效、水平和进步三个层面的内容。绩效，即将该指标的现状值与目标值或标准值相比较，从而得到相应的评判；水平，即将该指标的现状值与同类城市的现状值相比较，从而得到相应的评判；进步，即将该指标的现状值与其历史数值相比较，从而得到相应的评判。这三个方面的内容相互融合，既体现了对城市发展的约束性要求，又通过时间和空间的二维比较了解城市自身发展所处的位置以及进步、退步情况，从而激励自身的环境保护工作。

3.2.4 创建管理的综合性

为了解决上述各类创建活动由不同部门主导导致的部门间工作错综交叉以及由于部门间协调性不佳而导致的创建活动成效受影响等问题,在长效机制的设计中特别需要指出,生态文明建设这个综合性的城市建设内容是党中央在全国会议中强调的内容,在地方的实践中不能仅靠一个部门来主导、来推动,它涉及环境保护、经济发展、意识教育等多个方面,需要一个城市的政府来统一领导推进,需要多部门相互合作,共同努力。这样也可以在一定程度上总结以往各类创建活动由不同部门主导带来的实施和管理上交叉重叠的难题。

4 案例分析——江苏省太仓市创建活动回顾和长效机制的设计

4.1 环境保护创建活动回顾

太仓市各类创建活动的开展时序如表 2 所示。

表 2 太仓市各类创建活动的开展时序
Tab. 2 Time series of the important demonstration activities in Taicang City

创建名称	主导部门	国家启动时间	太仓市启动时间	太仓市获命名时间
全国生态示范区	国家环保部	1995 年	2002 年	2004 年
国家环保模范城	国家环保部	1997 年	1999 年	2001 年
国家级生态市(县、区)	国家环保部	2003 年	2005 年	2008 年
国家卫生城市	全国爱卫会	1989 年	—	2000 年
国家园林城市	国家住建部	1992 年	1999 年	2006 年
全国文明城市	中央文明办	1995 年	—	无
国家森林城市	全国绿化委、国家林业局	2004 年	无	无

4.2 以太仓市为例应用基于生态文明的城市综合环境管理长效机制

就在太仓市被命名为国家生态市后不久,2009 年 7 月,国家环保部下发《关于开展第二批全国生态文明建设试点工作的通知》,太仓市被列为第二批全国生态文明建设试点城市之一,并编制了《太仓市生态文明建设规划(2010～2030)》(简称《规划》)。

4.2.1 《规划》内容方面

《规划》的主体部分包含了五大项内容,分别是生态文明价值体系、生态社会与消费行为、生态经济与生产行为、生态安全与环境行为以及能源资源的节约与可持续利用。

4.2.2 指标体系方面

在指标体系方面，针对《规划》原则和《规划》的内容设置，建立了三套相互独立却又互相关联的指标体系。

一是针对全市、镇、园区、社区和行政村等行政区域的指标，包括社会和谐进步、经济健康增长、环境优美且生态安全、资源能源节约与低碳四个方面；

二是针对行为主体的评比类指标，行为主体包括政府机关（含市镇政府机关、园区管委会、政府其他派出机构）、企业事业单位（如工厂、学校、医院等）、居民（家庭和个人）等；

三是按生态文明的内涵与实质展开的指标，即按生态意识文明、生态行为文明、生态制度文明三个层次。

其中，第一部分指标由于涉及的各镇在自然条件、社会经济发展水平尤其是在太仓市的发展定位等方面明显不同，也相应设计具有明显差异的子指标项，并采用了基本指标和参考指标相结合的方式。

太仓市生态文明建设指标框架如图1所示。

图1 太仓市生态文明建设指标体系框架

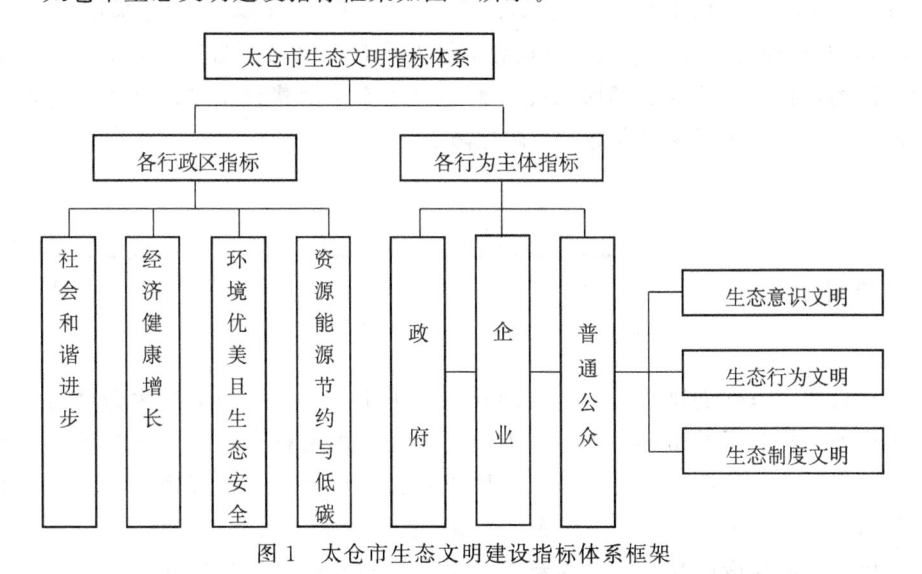

Fig.1 Framework of the indicator system for eco-civilization construction in Taicang City

4.2.3 考核方式方面

在考核方式上，分成了绩效、水平和进步三个指数，分别考核不同的指标。绩效，即将太仓市该指标的现状值与设定的目标值相比较，也就是通常使用的目标接近绩效评估方法；水平，即将太仓市该指标的现状值与苏州市的其他县级市，如江阴、张家港、常熟等的现状值相比较；进步，即将太仓市该指标的现状值与其历史数值相比较。

而通过各类调研可知，苏州市下辖的几个县级行政单位都先后成为我国生态文明建设的试点单位，且这几个城市也拥有丰富的创建活动历史和经验，因此在水平指数和进步指数的比较上数据可获得性较好，完全可以支持后续的生态文明建设考核工作。

4.2.4 管理支撑方面

在被确定为全国生态文明建设试点后，太仓市组成了一支由人民政府副市长牵头，太仓市环保局主要负责，其他相关部门互相协同工作的一个建设队伍。而从在2010年3月下旬对太仓市的政府部门所作的调查问卷中可以看到，在被调查的工作人员中，表示可以克服困难参与到生态文明建设中的人数占总人数的68.51%，表示在不影响自己部门工作的前提下可以参与进来的人数有31.11%。这说明太仓市的大部分政府工作人员对于生态文明建设的积极性还是比较高的，在一定程度上都愿意配合太仓市生态文明建设工作。这为太仓市的生态文明建设工作提供了良好的行政保障。

5 结语

过去的一系列创建活动为城市的环境保护工作注入了短期的生命活力，在一定程度上提升了城市环境质量。但是自上而下的考核体系、单一缺乏全面性的考核指标、挂牌命名的终极考核手段以及错综反复的行政管理手段都让各类创建活动缺乏长期生命力，难以成为城市可持续发展的强大支撑力。

生态文明建设以其丰富的内涵要求可以担当起终结和替代其他创建活动的重任，并由此构建长效工作机制，形成丰富的建设内容、多维度的指标体系、多层次的评价方式、统一的行政管理体系，致力于将生态文明建设工作内化为城市自身的发展动力，形成一个自下而上的、健康的建设氛围。

当然，本文只是针对太仓这个经济发达地区的县级市案例作出了生态文明建设长效工作机制的探索，问题的考虑可能不太全面，该种机制的有效性也有待时间的检验。

参 考 文 献

[1] 国家环保总局．全国生态示范区建设试点考核验收指标．http：//www.zhb.gov.cn/image20010518/6300.pdf［2007-11-17］．

[2] 国家环保部自然生态保护司．国家级生态示范区名单（第一批至第六批，共计389个）．http：//sts.mep.gov.cn/stsfcj/mdl/200412/t20041230_61343.htm［2010-05-27］．

[3] 赵永新．持续发展的成功实践——创建国家环保模范城述评．人民日报，2001-12-24（6）．

[4] 国家环保部．"十一五"国家环境保护模范城市 考核指标及其实施细则(修订)．http：//www.zhb.gov.cn/info/bgw/bbgtwj/200809/W020080925363613484553.pdf［2008-09-25］．

[5] 佚名．截至2010年国家环保模范城（区）名单．http：//biz.ifeng.com/city/chongqing/zhuanti/cqchuanmo/ziliao/detail_2011_04/14/18950_0.shtml［2011-04-14］．

[6] 国家环保总局．关于印发《生态县、生态市、生态省建设指标（试行）》的通知（自2010年12月22日起废止）．http：//www.mep.gov.cn/gkml/zj/wj/200910/t20091022_172195.htm［2003-05-23］．

[7] 国家环保部自然生态保护司．生态县、生态市、生态省建设指标（修订稿）．http：//sts.mep.gov.cn/stsfcj/ghyzb/200801/t20080115_116249.htm［2008-01-15］．

[8] 国家环保部自然生态保护司．国家生态市（区、县）名单．http：//sts.mep.gov.cn/stsfcj/mdl/201107/t20110722_215314.htm［2011-07-22］．

[9] 全国爱卫会．全国爱卫会印发《国家卫生城市标准》．http：//politics.people.com.cn/GB/9036574.html［2009-03-27］．

[10] 全国爱卫办．国家卫生城市、卫生区名单（按命名时间顺序）．http：//www.moh.gov.cn/publicfiles/business/htmlfiles/mohjbyfkzj/s5899/200903/39661.htm［2009-03-25］．

[11] 住房和城乡建设部城市建设司．关于印发《国家园林城市申报与评审办法》、《国家园林城市标准》的通知．http：//www.mohurd.gov.cn/lswj/tz/jc2010125.htm［2010-08-13］．

[12] 佚名．国家园林城市．http：//baike.baidu.com/view/1509090.htm#3［2011-05-15］．

[13] 佚名．全国文明城市测评体系说明．http：//www.china.com.cn/city/txt/2006-05/16/content_7586516.htm［2006-05-16］．

[14] 佚名．全国文明城市名单．http：//www.chinataiwan.org/zt/wj/wenmingchengshi/

baimingshiz/baimingshiz3/200902/t20090224_835328.htm [2009-02-24].

[15] 佚名. 国家森林城市评价标准. 林业与生态, 2011, 5: 13-14.

[16] 国家林业局. 全国"国家森林城市"增至30个. http://www.forestry.gov.cn/portal/main/s/72/content-486577.html [2011-06-20].

健全滇池流域农业生态补偿机制探讨[①]

邓明翔[②] 刘春学

（云南财经大学城市管理与资源环境学院）

摘要：本文论述农业生态补偿在我国农业可持续发展中的重要意义，农业生态补偿机制的概念和内容；结合滇池流域农业生态补偿实际，分析滇池流域农业生态补偿存在的问题，并在借鉴国内外生态补偿成功经验的基础上，提出健全滇池流域农业生态补偿机制的政策建议。

关键词：农业生态补偿机制 滇池流域 政策建议

Research on the Improvement of Agro-ecological Compensation Mechanism in Dianchi Lake Watersheds

Deng Mingxiang, Liu Chunxue

Abstract: This paper discusses the concept and content of agro-ecological compensation mechanism, describes the agro-ecological compensation situation in Dian Lake area, and analyzes the problems this area has faced. Then it goes on to put forward some policy suggestions to improve the agro-ecological compensation situation in Dian Lake area based on the successful experience both at home and abroad.

Key words：Agro-ecological compensation mechanism Dianchi Lake watersheds Policy suggestions

---

[①] 本文由云南省自然科学基金项目（2008ZC064M）和云南财经大学研究生教育创新研究基金项目资助。

[②] 邓明翔，通信地址：云南省昆明市龙泉路237号；邮编：650221；邮箱：dmx221@163.com。

1 前言

一般来说，流域地区土地肥沃，地势平缓，是农业较发达的地区，同时也是农业污染严重的地区。近年来，我国对工业污染进行了大力控制，而农业面源污染已经成为流域污染的主要方面。为了改善流域生态环境，从源头控制农业面源污染，我国政府从环境经济的角度提出了建立健全农业生态补偿机制的思想。2008年10月，中国共产党十七届三中全会发布的《中共中央关于推进农村改革发展若干问题的决定》中明确提出，要健全农业生态环境补偿制度，形成有利于保护耕地、水域、森林、草原、湿地等自然资源和物种资源的激励机制。由此可见，在我国建立健全农业生态补偿机制已经受到中央的高度关注。农业生态补偿已经成为调控农民改变生产方式，采用环境友好农业生产技术，保障农产品质量安全和保护农业生态环境的一个重要手段[1]。

2 农业生态补偿机制的概念和内容

生态补偿机制是指调整相关主体的环境及其经济利益的分配关系，内化相关活动的外部成本，恢复、维护和改善生态系统功能的一种制度安排[2]。农业生态补偿机制是指对损害或受益于农业生态服务功能的行为进行收费，加大该行为的成本，以激励损害行为的主体减少因其行为带来的外部不经济性，或对保护生态环境的行为或者因农业生态环境破坏受到利益损害的给予奖励或补偿，以达到保护农业生态环境和实现农村社会和谐的目的。

农业生态补偿机制是在充分研究农业生态系统运行规律基础上，合理安排资金进行各种治理项目，并对补偿利益相关者、资金来源和补偿方式、补偿标准和内容、补偿长效保障机制等进行科学的制度安排（图1）。农业生态补偿主要包括以下四个方面的内容：一是对农业生态系统本身保护（恢复）或破坏的成本进行补偿；二是通过经济手段将农业经济效益的外部性内部化；三是对个人或区域保护农业生态系统和环境的投入或放弃发展机会的损失的经济补偿；四是对具有重大农业生态价值的区域或对象进行保护性投入[3]。

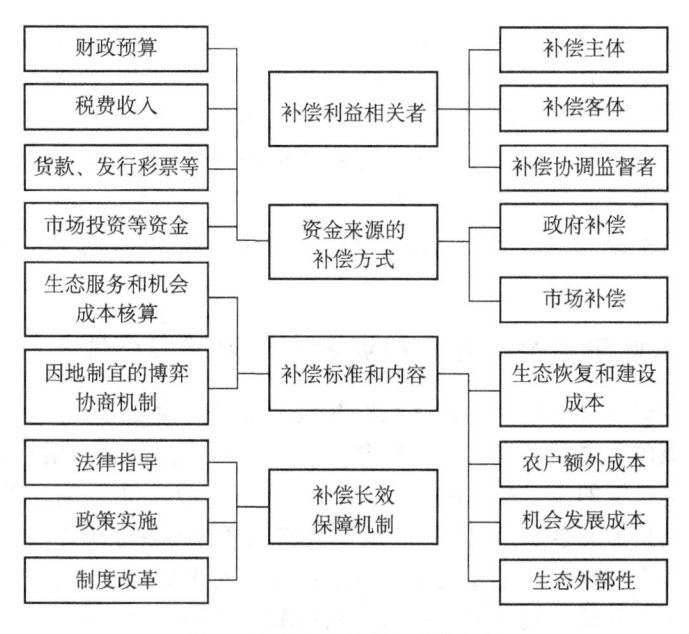

图 1　农业生态补偿机制构架图

Fig. 1　Agro-ecological compensation mechanism framework

3　滇池流域农业生态补偿措施概况

为了治理滇池流域农业面源污染，改善滇池流域水量和水质，昆明市政府投入了大量资金进行各项农业生态补偿工程，包括水源区保护工程，流域内天然林保护、退耕还林和植树造林工程，滇池一级保护区内的"四退三还一护"工程，流域内畜禽养殖产业调整，流域内种植业产业结构调整，生态农业和农村环境卫生治理工程以及外流域调水工程。这些农业生态补偿工程对改善滇池流域生态环境，减少滇池污染和流域内三农建设起到了积极的作用，但是同时也暴露出各种各样的问题。

4　滇池流域农业生态补偿存在的问题

4.1　农业生态补偿的利益相关者不清晰

现阶段滇池流域农业生态补偿基本都是由政府投资主导的建设工程项目。

政府的财政支出是主要的资金来源。这种财政支出的平摊性导致了生态环境破坏者和受益者并没有过多地承担生态环境建设的额外成本,生态环境的保护者也平均地支付了由于生态破坏而导致的治理成本。这样的局面不利于遏制生态环境的破坏,也不利于鼓励生态环境保护者的保护行为,反而增加了他们的负担。按照"破坏或受益者补偿、保护或受损者被补偿"的生态补偿原则,应该明确谁补偿、补给谁,并建立一套政府监督的补偿者与被补偿者之间的协商参与机制。

4.2 农业生态补偿方式和资金来源缺乏多样性

生态补偿的方式多种多样,有政府补偿和市场补偿之分。政府补偿方式主要有:上下级政府之间的纵向财政转移、同级政府之间的横向财政转移、税费政策以及政府投资的生态补偿建设工程等;市场补偿方式有一对一的市场贸易、可配额的市场贸易和生态标记等[4]。就滇池流域现行的农业生态补偿政策来看,采取的农业生态补偿方式主要就是通过上级政府对下级政府的纵向财政转移和政府投资的生态补偿建设工程,还有排污收费、水资源费等税费政策,基于市场机制的补偿方式基本没有。农业生态补偿政策的实施过多地依赖政府的行政强制性,资金来源主要是政府的生态环境保护预算。生态补偿建设工程投资巨大,建设期内效果明显,但是建设期结束后远期效果不乐观,体现了过分依赖政府补偿的低效率性。

4.3 补偿标准偏低而且过于刚性

通过分析《昆明市松华坝水源区群众生产生活补助办法》、《关于滇池流域农业产业结构调整的实施意见》等滇池流域农业生态补偿标准,我们发现补助资金被过多地分在了生态环境建设成本和政府管理成本上,对利益受损农民的成本损失补助过低,而且较少考虑农民发展机会的损失(表1)。对于不同地区的补偿,补偿标准一刀切,导致生态环境建设损失较少的地区现金和实物补偿过多,造成"输血型"补偿的低效率;损失较多的地区获得的补偿过少,导致这些地区的农民生活困难,生态补偿实际效果有限,而且造成了一些社会问题。

表1 松华坝水源区群众补偿标准

Tab. 1 Compensation standard in Songhua dam water source area

补助类型		标准
生产补助	退耕还林补助	每亩现金补助300元,管理费20元,第一年补苗木费每亩水保林100元,经济林200元
	平衡施肥补助	每年每亩100元
	嵩明县定补	每年100万元

续表

补助类型		标准
生活补助	能源补助	每人每月 10 元
	学生补助	每人每学期 150 元
管理补助	护林员补助	每人每月 300 元
	保洁员补助	每人每月 300 元
	政府工作经费	嵩明县 30 万元，盘龙区 10 万元；滇源镇、松华乡、阿子营乡 10 万元，龙泉镇、双龙乡 3 万元

资料来源：参见《昆明市松华水源区群众生产生活补助办法》。

4.4 生态移民涉及的问题复杂

第一，滇池流域生态移民工程涉及的大部分农民分布在湖滨带，这些地区人均占有土地量少，土地肥沃，而且多数种植的是经济利益较高的花卉和蔬菜，再加上这些土地上大多数建有钢架大棚，导致征地成本过高，一谈到拆迁补偿，农民心里的估价就很高，拆迁难度很大。第二，由于没有专门的《滇池流域湖滨带生态移民补偿条例》，对湖滨的生态移民的补偿标准只能按照省级或退耕还林的相关标准执行，而这些标准并不适用于滇池流域的特殊情况，补偿标准普遍过低。第三，生态移民的协商谈判机制没有形成，现阶段的湖滨带生态建设工程主要采取的是政府土地主管部门作为中间人起协调作用，由工程建设单位直接与土地被征用方谈，这种谈判方式很容易引起冲突，达成协议很困难[5]。第四，我国"故土难离"的传统观念和各种文化影响导致很多农民不愿意离开自己的土地，而且生态移民后这些农民的就业问题、医疗保险问题和养老保险等问题的解决很复杂。

4.5 农业生态补偿长效机制还未形成

农业生态补偿长效机制应该包括各项法律、政策、制度来保证农业生态补偿标准、方式和协商等的顺利实施。目前，滇池流域缺少专门的规范农业生态补偿的法律，农业生态补偿的实施主要通过各项农业生态环境建设工程的形式，工程期结束后缺乏相应的保障工程实施效果的政策和制度，农业生态补偿缺乏长效保障机制。农业生态补偿监管不够，在经济利益驱使下出现了很多腐败问题。作者在实地调研中就发现，在滇池湖滨生态敏感带，农民刚被迁出，耕地刚被还原为湿地和林木，却建起了别墅群。出现这样的现象，既不利于滇池生态环境的改善，也不利于社会公平、公正。在滇池生态及其敏感的地带，都出现这么严重的现象，说明滇池流域生态环境建设亟待加强监管。

5 健全滇池流域农业生态补偿机制的政策建议

5.1 明确滇池流域农业生态补偿各利益相关者及其责任

滇池流域农业生态环境建设改善了滇池流域的水质,增加了流域可用水量,使整个流域的生态环境得到了改善。受益者应该是全流域的居民、各工业企业以及旅游业。因此,应该把居民和企业水资源费的一部分、企业排污费的一部分以及旅游业收入的一部分作为农业生态补偿基金。另外,可以考虑征收农业生态补偿税,对整个流域居民征收农业生态补偿税,用于农业生态环境建设,符合生态环境改善外部性内部化的要求。农业生态补偿对象应该是进行生态建设的各级政府、因保护生态环境而利益受损的农民。同时,各级政府也是生态环境保护工程的组织者和农业生态补偿过程的协调者和监督者。补偿内容应该包括各级政府进行生态环境建设的成本,主要是工程建设费和管理费等;农民因生态环境建设工程的利益损失,包括占地补偿、青苗费、拆迁补偿及生活补助等,以及农民因环境保护的各种限制、土地损失而丧失的发展机会成本。

5.2 拓宽农业生态补偿资金来源和补偿方式

农业生态补偿的资金来源应该以政府用于农业生态保护的财政预算为主,加入各种税费的一部分构建农业生态补偿基金。同时,政府应该积极引进私人投资、发行农业生态补偿彩票和给予各种农业生态补偿贷款优惠。积极试点农业生态补偿的市场机制,包括水源区与其供水城区的水权交易、排污许可证交易和取水许可证的交易。探索异地开发模式,比如,在城区建立工业园区,园区内的利税收入返回各调水水源保护区。还可以通过给水源区生产的粮食贴上水源保护的生态标志,或者给采用环境友好型方式的养殖户的养殖产品贴上环境友好的标志来提高这些产品的价格,从而补偿这些农民因环保的损失。总之,要充分创新农业生态补偿资金引进渠道,各种市场交易手段要先试点,慢慢完善,再推广。

5.3 因地制宜安排补偿标准

补偿标准的确定要重视流域生态系统服务价值和发展机会成本测算方面的研究,并以此为参考,鼓励农民积极参与,通过上级政府协调,企业与农民或政府与农民的多次博弈协商来确定补偿标准,并出台《农业生态补偿标准确定程序规定》规范标准博弈协商的步骤和监督机制,全程公开博弈协商过程。对经济社会发展情况有明显差异的地区应该因地制宜,根据当地不同情况确定适合当地的补偿标准并允许补偿标准和物价因素一起变动。

5.4 出台生态移民补偿政策

由于生态移民的复杂性,政府应该充分研究移民过程中遇到的各种问题,制定适合滇池流域生态移民的指导意见。既要积极宣传滇池保护的重要性,又要体谅农民的难处。耐心听取农民的各项要求,细心解决失地农民遇到的各项困难。第一,加大生态移民区劳动力转移培训的力度,让农民不依靠土地也能过上小康生活。第二,加大生态移民的农民最低生活保障、医疗保险和养老保险制度的建设,让失地农民没有后顾之忧。第三,加大对迁入区的经济社会建设的扶持力度,让农民能在新家安居乐业。第四,制定科学的土地利用规划,建立土地预征制度,由政府根据土地利用规划直接对生态建设用土地进行预征,采用政府直接与农户谈判的方式。

5.5 积极建设农业生态补偿长效机制

法律上,出台《滇池流域农业生态补偿条例》,规范指导流域内各项农业生态补偿。建立滇池流域生态环境共建共享机制,积极推进公众参与、政府信息公开。积极引导农业生态补偿的市场化,积极推进产权制度改革,降低市场运行成本,让农业生态补偿能够在市场机制下高效运行。加强滇池流域农业生态补偿的监管,不但要制定相关监管法规,而且要加强媒体监督和群众举报,对补偿中的各种腐败现象进行严厉打击,并将环境状况作为政绩考核的重要指标。

参 考 文 献

[1] 刑可霞,王青立. 德国农业生态补偿及其对中国农业环境保护的启示. 农业环境与发展,2007,(1):1-3.

[2] 任勇,冯东方,俞海,等. 中国生态补偿理论与政策框架设计. 北京:中国环境科学出版社,2008:16.

[3] 中国环境与发展国际合作委员会生态补偿机制课题组. 生态补偿机制课题组报告. http://www.china.com.cn/tech/zhuanti/wyh/2008-01/22/content_9566690〔2009-02-25〕.

[4] 万本太,邹首民. 走向实践的生态补偿——案例分析与探索. 北京:中国环境科学出版社,2008:134-149.

[5] 陈静,和丽萍,李跃青,等. 滇池湖滨带生态湿地建设中的土地利用问题探析. 环境保护科学,2007,(1):39-41.

征稿通知

【刊物宗旨】

《环境经济与政策》由中国科学院虚拟经济与数据科学研究中心、环境保护部环境规划院、中国人民大学环境学院主办，中国环境科学学会环境经济学分会提供学术支持，科学出版社出版的一份环境经济与环境政策的专业学术刊物，每年出版两期。

《环境经济与政策》坚持以学术为主，采用国际学术刊物通行的匿名审稿制度，倡导严谨的学风，鼓励理论与实证研究相结合，为中国的环境经济与环境政策研究者提供一个论坛。

《环境经济与政策》设"研究论文"、"综述评论"、"政策动向"和"书评"等栏目。"研究论文"栏目发表原创性的理论、实证研究文章。"综述评论"栏目刊登关于学术理论、学术观点和研究动向的综述和评论文章。"政策动向"栏目刊登介绍国内外环境政策最新动向的文章。"书评"栏目刊登环境经济与环境政策及相关领域新近出版的中外文学术著作的介绍和评论文章。

《环境经济与政策》只刊登未发表过的稿件，不接受一稿两投。投稿以中文为主，被录用的外文稿件由编辑部负责翻译成中文，由作者审查定稿。

《环境经济与政策》只接受电子版投稿，不用纸稿。稿件请发至：eepchina@gmail.com。编辑部在收到稿件后两个月之内给予作者答复。稿件如被录用，编辑部将向作者提供录用通知。作者如有疑问，可向编辑部询问稿件处理情况。编辑部设在中国科学院虚拟经济与数据科学研究中心绿色经济研究室，地址：北京市海淀区中关村东路80号6号楼207室，邮编100190。

【投稿规定】

投稿应遵照以下体例要求。

（1）稿件第一页应该包括以下信息：①文章标题；②作者姓名、所属单位一级通信地址、电话和电子邮件地址；③致谢（如果需要的话）。

（2）稿件第二页应该提供以下信息：①文章的中文标题；②中文摘要（200字以内）；③中文关键词（5个以内）；④文章的英文标题；⑤英文摘要（300字

以内）；⑥英文关键词（5 个以内）。

（3）正文字数原则上不超过 10 000 字，采用五号字体，中文为宋体，英文为 Times New Roman。行距为 1.5 倍。

（4）正文的 1、2、3 级标题分别按 1，1.1，1.1.1 编号，各级标题一律左起顶格书写。

（5）表格格式为三线格。表格标题为中英对照，在表格上方居中。图的标题为中英文对照，置于图下方居中。图表在文中必须有相应的文字说明，图表各项必须清晰，单位、图例等项齐全。

（6）注释采用脚注。脚注编号以本页为限，另页如有脚注，另从①起编号。

（7）参考文献只列文中引用的、公开发表的文献（未公开出版的用脚注说明），按正文中引用文献的先后顺序，用阿拉伯数字从 1 开始连续编序号，序号用方括号括起，置于文中提及的文献著者、引文或叙述文字末尾的右上角，若遇标点符号，置于标点符号前。如果同一叙述文字见于多篇文献时，各篇文献序号置于同一方括号内，其间用逗号（不是顿号）分开；如果连续序号多于两个（不含）时，可用范围号连接起止序号。如果文献序号作为叙述文字的一部分，则文献序号与正文平排，并且每条文献都要加方括号。如果同一文献在文章中的不同处被重复引用，只在其第一次出现时标应标的序号，以后各处均标这同一序号。引用他人的资料和数据要认真核对，注明出处。参考文献体例如下表所示。

载体种类		著录项目与格式
普通图书	序号	著者．书名（正书名和副书名）．卷（册）．版次（初版除外）．出版地：出版社．出版年．页码
析出文献	序号	著者．析出文献名．载（见）或 In：著者：书名．卷（册）．版次（初版除外）．出版地：出版社．出版年．页码
翻译类	序号	原著者．书名（原著版次，初版除外）．卷（册）．中文版次（初版除外）．＊＊译．出版地：出版社．出版年．页码
期刊类	序号	著者．篇名．刊名．出版年．卷（期）：页码
报纸类	序号	著者．文章名．报名．出版年-月-日，版次
网页类	序号	著者．文章名．网页．下载年-月-日
专利类	序号	专利者．专利名称．专利号．出版年

示例如下：

Pearce D，Atkinson G. Capital theory and the measurement of sustainable development：an indicator of weak sustainability. Ecological Economics，1993，8（2）：103-108

杨友孝，蔡运龙．中国农村资源、环境与发展的可持续性评估——SEEA 方法及其应用．北京：地理学报，2000，55（5）：596-606

世界银行．扩展衡量财富的手段——环境可持续发展的指标．北京：中国环境科学出版社，1998